DESEMPENHO DAS EDIFICAÇÕES

PROJETO, CONSTRUÇÃO E MANUTENÇÃO

gen
Grupo
Editorial
Nacional

DESEMPENHO DAS EDIFICAÇÕES

PROJETO, CONSTRUÇÃO E MANUTENÇÃO

LUCIANA ALVES DE OLIVEIRA
CLÁUDIO VICENTE MITIDIERI FILHO
SILVIO MELHADO

- Data do fechamento do livro: 31/10/2022

- **Atendimento ao cliente: (11) 5080-0751 | faleconosco@grupogen.com.br**

  LTC – Livros Técnicos e Científicos Editora Ltda.
  Uma editora integrante do GEN | Grupo Editorial Nacional
  Travessa do Ouvidor, 11
  Rio de Janeiro – RJ – 20040-040
  www.grupogen.com.br

- Capa: Leonidas Leite
- Ilustração da capa: Jão (João Garcia)
- Editoração eletrônica: Hera
- Ficha catalográfica

CIP-BRASIL. CATALOGAÇÃO NA PUBLICAÇÃO
SINDICATO NACIONAL DOS EDITORES DE LIVROS, RJ

O48d

Oliveira, Luciana Alves de
Desempenho das edificações : projeto, construção e manutenção / Luciana Alves de Oliveira, Silvio Burrattino Melhado, Claúdio Vicente Mitidieri Filho. - 1. ed. - Rio de Janeiro : LTC, 2023.

Inclui bibliografia e índice
ISBN 978-85-216-3848-3

1. Engenharia civil. 2. Construção civil. 3. Edifícios. I. Melhado, Silvio Burrattino. II. Mitidieri Filho, Claúdio Vicente. III. Título.

CDD: 624
22-80365 CDU: 624

Meri Gleice Rodrigues de Souza - Bibliotecária - CRB-7/6439

Sobre os Autores

Luciana Alves de Oliveira - Engenheira civil pelo Centro Universitário da Faculdade de Engenharia Industrial (FEI). Mestre e doutora pela Universidade de São Paulo (USP). Estágio de doutorado no exterior, na Université de technologie de Compiègne (UTC), na França. Pesquisadora visitante na Divisão de Desenvolvimento Sustentável do Centre Scientifique et Technique du Bâtiment (CSTB à Grenoble), na França. Pesquisadora no Laboratório de Tecnologia e Desempenho de Sistemas Construtivos, na área de Habitação e Edificações (HE) do Instituto de Pesquisas Tecnológicas do Estado de São Paulo (IPT). Atua principalmente nas áreas de Processos Construtivos, Fachadas Pré-fabricadas, Diagnóstico de Patologias, Avaliação de Desempenho de Sistemas Construtivos, Implementação da Qualidade, Gestão do Processo de Projeto, Reabilitação e Renovação de Edifícios, Sustentabilidade e Durabilidade das Construções.

Cláudio Vicente Mitidieri Filho - Engenheiro civil, mestre e doutor pela Universidade de São Paulo (USP). Pesquisador sênior no Laboratório de Tecnologia e Desempenho de Sistemas Construtivos, na área de Habitação e Edificações (HE) do Instituto de Pesquisas Tecnológicas do Estado de São Paulo (IPT). Docente e coordenador da área de Concentração em Tecnologia de Construção de Edifícios no Mestrado Profissional em Habitação do IPT. Atua nas áreas de Construção Civil, com ênfase em Processos e Sistemas Construtivos, Avaliação de Desempenho de Sistemas Construtivos, Desempenho de Edificações Habitacionais e Qualidade na Construção de Edifícios. É membro do Comitê Editorial da *Revista Concreto e Construções*, do Instituto Brasileiro do Concreto (IBRACON).

Silvio Melhado - Engenheiro civil, mestre e doutor pela Escola Politécnica da Universidade de São Paulo (Poli-USP). Concluiu pós-doutorados na Université Pierre Mendès France, na França; na Université du Québec, no Canadá; e na Loughborough University, na Inglaterra. É professor sênior do Departamento de Engenharia de Construção Civil da Poli-USP, professor convidado da Escola Politécnica da Universidade de Pernambuco (Poli-UPE) e *Professeur Agrégé* da École de Technologie Supérieure (ETS-Montréal), no Canadá. Atua nas áreas de Gestão de Projetos, Gestão da Qualidade, Inovação na Construção Civil, *Building Information Modelling* (BIM), Sustentabilidade e Desempenho, Gestão de Empresas de Projeto, Sistemas de Gestão e Certificação de Sistemas. É coordenador da Comissão Internacional Architectural Design and Management (W96), do International Council for Research and Innovation in Building and Construction (CIB).

Apresentação

É muito prazeroso fazer a apresentação de um livro quando seu conteúdo e seu enfoque, como está desenvolvido neste texto, deixam-me plenamente satisfeito. Por isso, agradeço aos autores a gentileza de me convidarem para esta tarefa.

O tema abordado é de grande importância para a indústria de Construção Civil nacional, e seus autores, especialistas de grande renome, conseguiram traduzir para os profissionais do setor conceitos que não são tão simples.

Como está descrito no início do livro, o tema "desempenho" foi desenvolvido logo após a Segunda Grande Guerra, quando a Europa, destruída, precisava ser reconstruída rapidamente, já que os recursos financeiros estavam disponíveis (Plano Marshall). Desse modo, a Construção Civil teve que superar sua fase artesanal e passar a uma abordagem industrial; logicamente, com características especiais e diferentes das outras indústrias, mas adotando a sistemática empregada na produção em larga escala. Com isso, os conceitos de qualidade, produtividade, avaliação, embasamento científico, entre outros, tiveram que ser adequados a essa indústria complexa que, em poucas décadas, conseguiu substituir os princípios empíricos por conceitos científicos.

Com a introdução de procedimentos inovadores, tanto no projeto quanto nos materiais, componentes e processos construtivos, começou a ocorrência de falhas e desastres, já na década de 1950. A partir daí, a qualidade e sua avaliação tornaram-se imprescindíveis para o setor, e suas metodologias deviam atender as especificidades da Construção Civil, bem como garantir que as propostas inovadoras, tecnicamente promissoras, não fossem cerceadas.

O conceito de desempenho foi cunhado à época, procurando atender às exigências dos usuários. Já a "avaliação de desempenho" foi desenvolvida para permitir o estudo de processos e produtos inovadores. Esses conceitos começaram a ser aplicados na prática ainda na década de 1970, notadamente nos países da Europa Ocidental, incluindo Escandinávia e Reino Unido, e moderadamente no Japão e na Austrália.

Rapidamente essas ideias chegaram ao Brasil, na década de 1980, graças à visão e intuição do saudoso arquiteto Carlos Alberto Maffei, que vislumbrou o conceito de desempenho como uma ferramenta indispensável para o desenvolvimento da indústria no país, e à persistência do saudoso professor Francisco Romeu Landi, que estimulou dezenas de jovens profissionais a estudarem e pesquisarem o tema no país. Dois dos autores deste livro – Silvio Melhado e Cláudio Mitidieri – são dessa geração pioneira. Graças a esses esforços, as normas nacionais e os órgãos públicos brasileiros de regulação puderam inserir os conceitos nas suas diretivas, como está mencionado neste livro.

Mais recentemente, no começo deste século, o conceito de desempenho foi incorporado de maneira mais ampla, a ponto de o International Council for Research and Innovation in Building and Construction (CIB) propor a construção de edificações embasada em seu desempenho (*Performance Based Building* – PeBBu).

Este texto introdutório está sendo um pouco longo para que o leitor compreenda que o conceito de desempenho não é modismo e sua introdução na Construção Civil foi essencial para o desenvolvimento e a modernização da indústria nas últimas décadas. É fundamental que todos os profissionais envolvidos no setor entendam e utilizem tal conceito, de maneira adequada e corretamente empregada.

Este livro preenche uma lacuna na literatura técnica em língua portuguesa, pois, apesar de termos centenas de artigos de autores brasileiros sobre o tema, não tínhamos um compêndio que condensasse toda a informação disponível, ainda mais em uma linguagem acessível a todos os profissionais do setor.

Pela sua grande competência profissional e larga experiência no tema, os autores procuraram apresentar o assunto de modo integrado, mostrando as interfaces do desempenho com a durabilidade, os projetos, a execução da obra, a manutenção dos edifícios e até com a seleção tecnológica de sistemas e produtos no processo de produção do edifício.

A leitura deste livro, por sua qualidade, além de ser uma tarefa agradável, permitirá que o leitor obtenha sólidos conceitos no tema e conheça sua aplicação na indústria da Construção Civil.

Reforço os parabéns aos autores e desejo boa leitura a todos.

Vahan Agopyan – Engenheiro civil e Mestre em Engenharia Urbana e de Construção Civil pela Escola Politécnica da Universidade de São Paulo (Poli-USP), e PhD (*Civil Engineering*) pelo King's College London, no Reino Unido. Docente da Poli-USP desde 1975, sendo professor titular de Materiais e Componentes da Construção desde 1994. Diretor da Poli-USP (2002-2006), diretor presidente do Instituto de Pesquisas Tecnológicas do Estado de São Paulo (IPT) (2006-2008), coordenador de Ciência e Tecnologia da Secretaria de Desenvolvimento Econômico do Estado de São Paulo (2008-2009) e reitor da USP (2018-2022). Eminente Engenheiro do Ano de 2004, Cavaleiro da Légion d'Honneur da República da França, Comendador da Ordem Nacional do Mérito Científico, Cidadão Paulistano, Personalidade da Tecnologia e Acadêmico da Academia Nacional de Engenharia (ANE Brasil) e da Academia Pan-Americana de Engenharia (API).

Prefácio

Este livro trata do conceito de desempenho, presente em todas as etapas do processo de produção de uma edificação, desde a etapa de projeto, passando pela produção e aquisição dos materiais de construção, pela seleção de processos e sistemas construtivos, pela execução, até a etapa de uso, operação e manutenção.

O desempenho da edificação como um todo depende também do desempenho de suas partes, ou seja, de seus sistemas e elementos construtivos, o qual deve ser considerado desde a fase de projeto, pois é nessa fase que se define a concepção e o detalhamento da edificação. Para tanto, é essencial que exista um entendimento de que o desempenho da edificação e de suas partes tem relação direta com as suas funções, uso e condições de exposição.

A norma ABNT NBR 15575 – Edificações habitacionais – Desempenho é destinada a edificações residenciais, mas o conceito é aplicável a outros tipos de edificações, adequando-se os critérios de desempenho ou os parâmetros a serem exigidos. Por exemplo, a isolação sonora exigida para as vedações verticais de uma edificação escolar será maior que no caso de edificações habitacionais. No caso de edificações para escritórios ou destinada a hospitais, tal exigência poderá ser complementada com outras, considerando o uso específico dos diversos ambientes. Percebe-se, portanto, que as exigências de desempenho são definidas para a edificação e suas partes, em razão do seu uso e das condições a que estará submetida, considerando ações externas, impostas pela natureza ou localização, e internas, impostas pelo uso.

Existe a tendência da adoção do conceito de desempenho em normas técnicas de componentes para a construção, como a norma de esquadrias externas (janelas) e a norma de portas de madeira (ABNT NBR 10821 e NBR 15930, respectivamente). Nessas normas, os requisitos são definidos considerando o uso do componente na edificação e a localização desta edificação.

Além disso, também há a adoção do conceito de desempenho em regulamentações, como no caso de instruções técnicas do Corpo de Bombeiros, e em códigos de edificações.

Igualmente, no caso de avaliações técnicas de produtos e sistemas construtivos inovadores, o conceito de desempenho é considerado visando à seleção de tecnologias por questões técnicas.

Assim, este livro pretende contribuir para que as atividades que envolvem as soluções e as especificações de projeto, a seleção de tecnologias, a produção de materiais de construção e de sistemas construtivos, o controle da qualidade da execução e os procedimentos de uso, operação e manutenção sejam desenvolvidas com base no conceito de desempenho e em critérios técnicos, levando em conta a responsabilidade que cada um dos agentes tem no processo de produção da edificação ao longo de sua vida útil. Especial ênfase é dada aos aspectos de durabilidade, considerando-se o desempenho ao longo do ciclo de vida da edificação, sem desconsiderar outros fatores relevantes, como o social, o ambiental e o econômico.

Luciana Alves de Oliveira
Cláudio Vicente Mitidieri Filho
Silvio Melhado

Agradecimentos

Agradecemos a todos e todas que se dedicam a aprimorar a qualidade e o desempenho das edificações. Em especial, às contribuições recebidas para este livro.

Material Suplementar

Este livro conta com o seguinte material suplementar:

- Figuras da obra em cores.

O acesso ao material suplementar é gratuito. Basta que o leitor se cadastre e faça seu *login* em nosso *site* (www.grupogen.com.br), clicando em Ambiente de aprendizagem, no *menu* superior do lado direito. Em seguida, clique no *menu* retrátil ☰ e insira o código (PIN) de acesso localizado na orelha deste livro.

O acesso ao material suplementar online fica disponível até seis meses após a edição do livro ser retirada do mercado.

Caso haja alguma mudança no sistema ou dificuldade de acesso, entre em contato conosco (gendigital@grupogen.com.br).

Sumário

Capítulo 6 Seleção Tecnológica, 105

Índice Alfabético, 127

1

Conceito de Desempenho e sua Inserção no Ciclo de Vida da Edificação

Na Construção Civil, o conceito de desempenho refere-se ao comportamento da edificação ou de suas partes, ou de um sistema construtivo, instalado e em uso.[1] No dicionário Aurélio, a definição de desempenho também se refere ao comportamento adicionado à eficiência: "modo como alguém ou alguma coisa se comporta tendo em conta sua eficiência, seu rendimento". Também reporta desempenho ao cumprimento de obrigação ou promessa. Nesse sentido, planejar, projetar e executar uma edificação considerando o conceito de desempenho é pensar no cumprimento de "promessas", ou seja, de parâmetros e especificações técnicas previamente estabelecidas, para que se possa esperar um adequado comportamento ao longo do tempo, considerando aspectos técnicos e ambientais previsíveis.

O objetivo deste livro é apresentar e discutir a aplicação do conceito e de parâmetros de desempenho em diversas etapas do processo de produção das edificações, considerando as interfaces com a seleção de produtos e sistemas de construção, com o projeto da edificação, com a etapa de execução da obra e com a etapa de uso, operação e manutenção da edificação. Como diferencial, aponta-se a discussão não só conceitual, mas também a prática da inserção das exigências dos usuários, dos requisitos e parâmetros de desempenho nas etapas de produção da edificação, trazendo de maneira pragmática o conceito de desempenho para dentro da atividade profissional do leitor.

O termo **edificação** está sendo adotado como sinônimo, ou como um modo de generalizar os termos edificação, prédio, casa etc. Originalmente, o conceito de desempenho foi desenvolvido e aplicado a edificações habitacionais, que será tomado como referência, principalmente por conta do seu uso no Brasil, que levou à publicação da ABNT NBR 15575,[2] que trata de desempenho de edificações habitacionais. Todavia, em muitas situações esse conceito poderá ser adotado para edificações destinadas a outros usos. Não estão sendo consideradas neste livro obras de arte especiais ou de infraestrutura, como pontes, viadutos, rodovias, construções provisórias etc.

1.1 Breve histórico

O conceito de desempenho aplicado às edificações vem sendo estudado, principalmente na Europa, desde o final da Segunda Guerra Mundial, no final dos anos 1940 e início dos anos 1950, em decorrência da necessidade da industrialização da construção para suprir de maneira rápida as edificações que haviam sido destruídas. Isso foi necessário particularmente por conta do surgimento de novos materiais, técnicas e sistemas construtivos, sem tradição de uso à época, com o objetivo de imprimir padrões mais rápidos de construção em larga escala. Com a produção de habitações mediante emprego dessas soluções mais inovadoras, deparou-se com a necessidade de criação de uma retaguarda tecnológica, despertando a consciência da avaliação de desempenho e do controle da qualidade na produção de edificações.[3]

O desenvolvimento do conceito de desempenho também tem como importante marco a criação da Working Comission W60 "The Performance Concept in Building", em 1970. Em 1984, foi publicada a ISO 6241:1984[4] (*Performance standards in building – Principles for their preparation and factors to be considered*), uma norma com conceitos de desempenho e princípios para sua aplicação. Essa norma foi substituída pela ISO 19208:2016[5] (*Framework for specifying performance in buildings*), cujo objetivo é orientar as análises e especificações por desempenho.

No Brasil, as pesquisas sobre o tema desempenho tomaram corpo no final da década de 1970 e, principalmente, no início da década de 1980, quando novos sistemas construtivos surgiram como alternativa aos processos tradicionais de construção, visando suprir o déficit habitacional brasileiro. A carência de referências normativas para essas soluções inovadoras impulsionou pesquisas desenvolvidas pelo Instituto de Pesquisas Tecnológicas do Estado de São Paulo (IPT) para o Banco Nacional da Habitação (BNH), já extinto, formulando critérios de avaliação de desempenho para habitações.[6]

Os critérios de desempenho incialmente formulados pelo IPT foram revistos em meados da década de 1990, em um projeto com apoio da Financiadora de Estudos e Projetos (Finep), resultando em 1998 na publicação *Critérios mínimos para avaliação do desempenho de habitações térreas unifamiliares*,[7] uma das primeiras referências para início da discussão da norma técnica que viria nos anos 2000.

O conceito e o conjunto de critérios de desempenho só passaram a fazer parte das normas brasileiras a partir de 2008, com a publicação da primeira versão da ABNT NBR 15575 – Edificações habitacionais – Desempenho, aplicada a edificações habitacionais de até cinco pavimentos. Tal versão, entretanto, não chegou a ser exigida, tendo sido passada por uma primeira revisão em 2010, versão que também teve sua exigibilidade suspensa. Depois de uma série de revisões e ampliação do escopo, passou a vigorar em 2013 a ABNT NBR 15575:2013, que contempla edificações habitacionais de qualquer altura. Em 2021, os requisitos de térmica e acústica foram revisados, resultando em publicações de emendas. Conhecida popularmente como "Norma de Desempenho", preconiza o atendimento de exigências dos usuários e, consequentemente, de requisitos e critérios de desempenho para sistemas que compõem as edificações habitacionais, independentemente dos seus materiais constituintes e do sistema construtivo adotado.

Além da norma de desempenho para edificações habitacionais, existem regras para outros tipos de edificações, como os de uso hospitalar* e escolares. Também existem certificações, como Alta Qualidade Ambiental (AQUA), *Deutsche Gesellschaft für Nachhaltiges Bauen* (DGNB) e *Leadership in Energy and Environmental Design* (LEED), que definem exigências mínimas de desempenho para as edificações, pensando nas suas categorias de certificações ambientais.

A tendência atual é de concepção de edificações com enfoque em desempenho, desde a fase de planejamento e projeto, na qual as definições do programa de necessidades levam em conta requisitos e critérios de desempenho, considerando as particularidades de uso e ocupação. Em alguns países, como França, Canadá e Japão, o desenvolvimento dos projetos inicia-se pela definição do desempenho da edificação e dos seus sistemas para, posteriormente, definir as tecnologias construtivas a serem adotadas. Especificamente na França, alguns requisitos de desempenho relativos à segurança contra incêndio, desempenho térmico e desempenho acústico são exigências constantes da legislação, o que tem se tornado prática também no Brasil. Assim, obrigatoriamente, os projetos são concebidos para atender esses requisitos legais, além dos requisitos estabelecidos pelo incorporador ou proprietário.

Essa tendência, no Brasil, estende-se para produtos empregados na construção, definindo-se regras ou exigências de desempenho em razão do emprego e uso que terão na edificação. Um exemplo interessante é a ABNT NBR 15930,[8] que trata de desempenho de portas de madeira para edificações, na qual são definidos vários perfis de desempenho em razão do uso, categorizando as portas de madeira para uso interno (PIM), para uso interno em ambientes sujeitos à ação da umidade (PIM-RU), para uso na entrada das unidades (PEM) etc. A ABNT NBR 10821,[9] referente a

* **RDC nº 50, de 21 de fevereiro de 2002,** dispõe sobre o Regulamento Técnico para planejamento, programação, elaboração e avaliação de projetos físicos de estabelecimentos assistenciais de saúde.

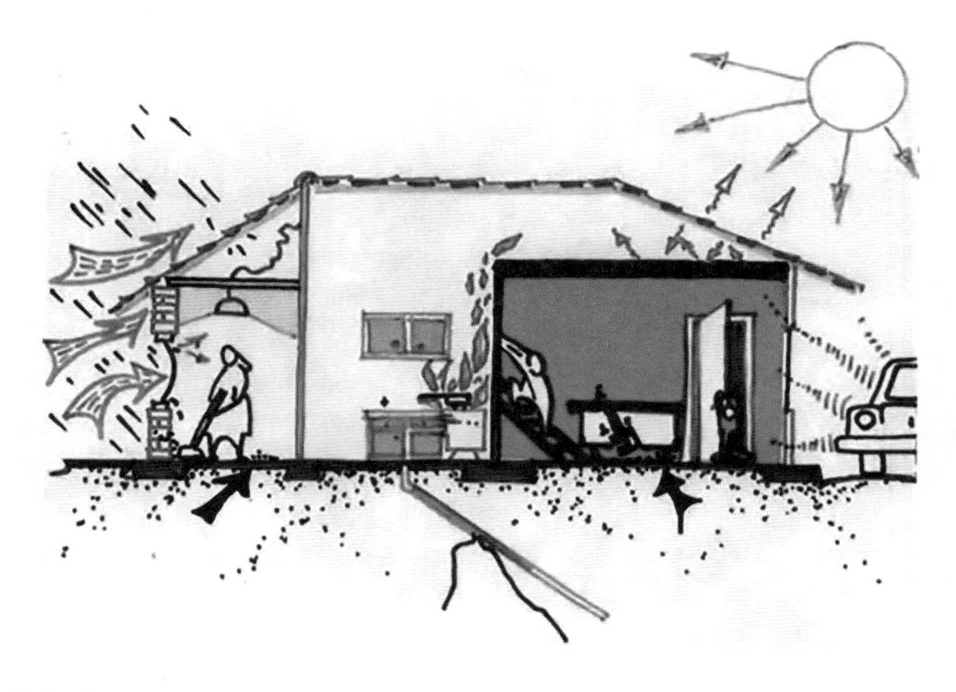

Figura 1.1 Esquema ilustrativo dos diversos agentes que podem interagir com uma edificação, além das condições de exposição (por Walter Hehl).

esquadrias para edificações, é outro exemplo, trazendo perfis de desempenho diferentes em razão da região de uso (velocidade de vento, agressividade ambiental), da altura da edificação e das características de uso pretendidas.

1.2 Conceito de desempenho e sua aplicação no ciclo de vida da edificação

O desempenho de uma edificação e de suas partes pode ser impactado: pelas condições de exposição e pela reação aos diversos agentes (Figura 1.1),* pela influência das atividades humanas, pelo impacto da sociedade e pelas ocorrências, formas de operação e manutenção ao longo do tempo (durabilidade).

O desempenho da edificação como um todo depende também do desempenho de suas partes, ou seja, do desempenho de seus sistemas e elementos construtivos (Figura 1.2), e deve ser previsto essencialmente na fase de projeto.

* A ISO 19208:2016 define agentes como qualquer coisa que age sobre a edificação ou uma de suas partes.

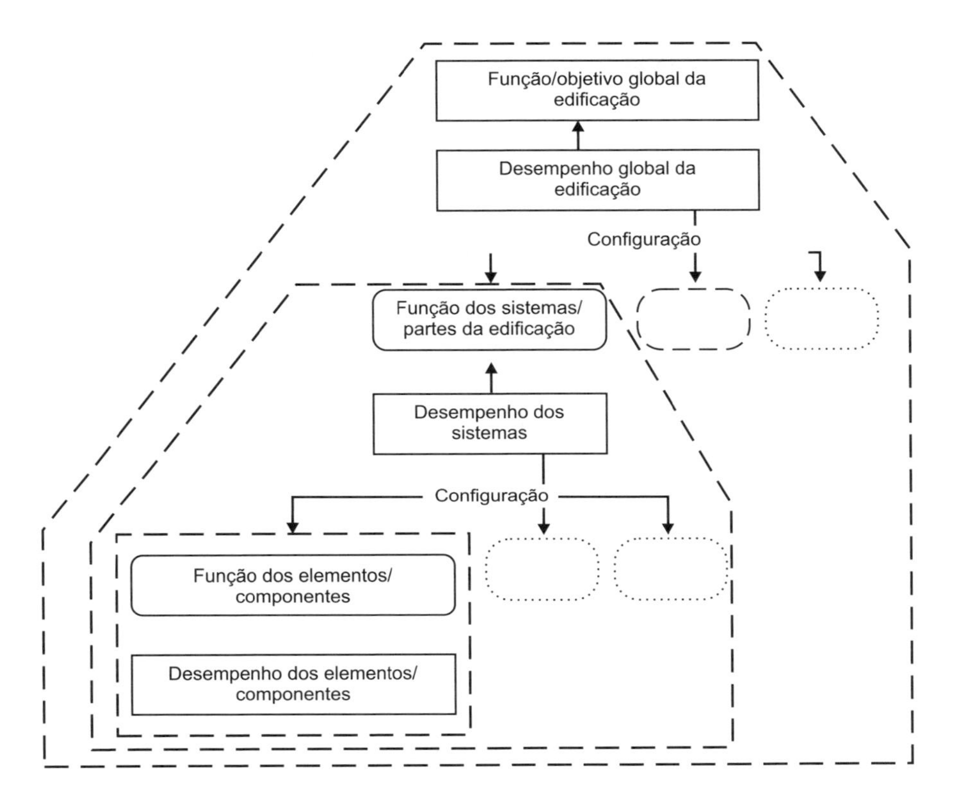

Figura 1.2 Estrutura hierárquica do desempenho das edificações e de suas partes – adaptada da ISO 19208:2016.

Assim, para atender às exigências de desempenho, a premissa é projetar a edificação e suas partes, bem como o executar considerando as interligações ou as interfaces entre essas partes, além das condições de uso e de exposição. Nesse sentido, o conhecimento das respostas a quatro questionamentos (Figura 1.3), listados a seguir, é essencial para orientar o desenvolvimento dos projetos com enfoque em desempenho:

- Qual é a função daquela parte ou sistema da edificação?
- Onde será aplicado na edificação ou no seu entorno? Ou seja, quais são as condições de aplicação e uso?
- Quais são as condições de exposição? Ou seja, quais agentes impactam aquela parte ou sistema da edificação, em razão de sua localização?
- Existem condições ou exigências específicas de exposição e de uso?

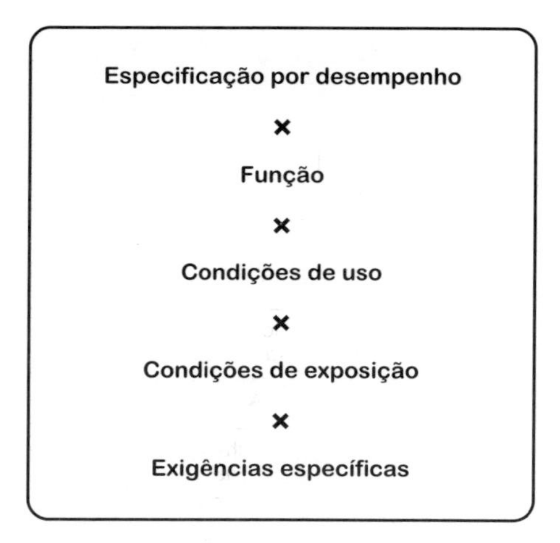

Figura 1.3 Esquema dos principais questionamentos cujas respostas devem orientar as especificações de projeto por desempenho.

Com base nas respostas dadas aos quatro questionamentos, inicia-se a coleta de informações técnicas para desenvolvimento e detalhamento de projetos e seleção tecnológica de produtos* e fornecedores.

O conceito de ciclo de vida da edificação (Figura 1.4) também precisa ser levado em conta, pois as atividades que envolvem o planejamento, o projeto, a execução, o uso e a manutenção devem ser realizados considerando o conceito de desempenho. O adequado comportamento em uso é atrelado à qualidade do projeto e da execução, às ações de manutenção e de reforma, considerando ainda os custos ao longo do tempo.

Alguns pesquisadores dividem o processo de produção da edificação, ou o ciclo de vida, em cinco fases: 1) concepção e planejamento – fase na qual as premissas e exigências são definidas, principalmente a respeito de desempenho, seja técnico ou ambiental; 2) desenvolvimento (projetos) – fase na qual as definições são traduzidas em desenhos executivos e especificações; 3) construção (execução da obra); 4) uso, operação e manutenção; e 5) fase final da vida útil da edificação, sendo previamente definido quando a vida da edificação termina e outras atividades podem ser programadas, como desconstrução, desmontabilidade e reciclabilidade.

* Entende-se como produto material, componentes ou sistema construtivo.

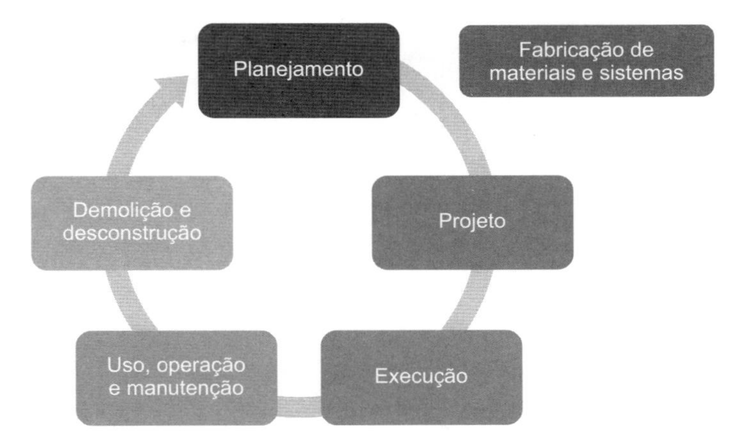

Figura 1.4 Esquema das principais fases do ciclo de vida do processo de produção de uma edificação.

Assim, o projeto, quando concebido, considerando as respostas aos quatro questionamentos, deve conter minimamente as seguintes informações: características físicas e químicas dos materiais e componentes construtivos; soluções construtivas dos sistemas e de interfaces; procedimentos de execução, segundo premissas de construtibilidade; avaliações técnicas quando necessárias (seja para produtos convencionais ou para produtos inovadores); e plano de operação e manutenção.

É importante observar que o desempenho de um sistema (parte da edificação) também é vinculado às características dos materiais, às soluções construtivas e aos procedimentos de instalação, execução ou montagem, com o devido controle da qualidade.

Além disso, o conceito de desenvolvimento sustentável incita a ideia de projetar a edificação não somente para a construção e o uso, mas também para sua fase final, além da operação e manutenção, considerando também o conceito de desconstrução, desmontabilidade e reciclabilidade. Em outras palavras, deve ser incorporado desde a fase inicial de planejamento o conceito de vida útil de projeto (VUP) e de custo global da obra (CGO).

Quando se pensa em desempenho e redução de impactos ambientais, as fases iniciais de planejamento e projeto são valorizadas e devem ter um grande peso, do ponto de vista técnico, no processo de produção de um empreendimento e de suas edificações. No trabalho elaborado por Almeida,[10] que trata de uma edificação hospitalar, fica clara a importância e o peso das fases iniciais, mesmo considerando-se uma VUP de apenas 20 anos para o hospital. As fases posteriores à construção da edificação, em particular as fases de operação e manutenção, significam dois terços do valor total após 20 anos, ou seja, as fases inicial, de planejamento, projeto e construção da edificação representam um custo aproximado de apenas um terço, porém influenciam significativamente no custo global. Nesse contexto, as fases de planejamento e projeto representam aproximadamente 4 % do custo global, aproximadamente, de 10 a 12 % do custo inicial.

O conceito de desempenho, então, remete à ideia de cumprimento de um objetivo, o qual precisa ser mensurável. Assim, as exigências de desempenho são estabelecidas qualitativa e quantitativamente, sendo denominadas requisitos e critérios de desempenho (parâmetros), respectivamente. Como exemplo, um piso cerâmico em área molhada não pode ser escorregadio, ou seja, deve apresentar resistência ao escorregamento (requisito relacionado com a segurança ao usuário), traduzida em critério de desempenho referente ao coeficiente de atrito mínimo que esse piso deve apresentar. Outro exemplo é a isolação sonora exigida entre duas salas de escritório, requisito relacionado com o desempenho acústico, traduzido em critério referente ao valor de R_w (índice de redução sonora ponderado), determinado em laboratório, e de $D_{nT,w}$ (diferença padronizada de nível ponderado), medida em campo.

1.3 ABNT NBR 15575 – Edificações habitacionais – Desempenho

A norma técnica ABNT NBR 15575:2013 trata de desempenho de edificações habitacionais, foi publicada em 19 de fevereiro de 2013 e está sendo exigida desde 19 de julho do mesmo ano. Essa norma traduz as exigências dos usuários em requisitos (qualitativos) e critérios (quantitativos) de desempenho, e estabelece os métodos de avaliação que devem ser empregados para verificação. A Norma de Desempenho está dividida em seis partes:

- Parte 1 – Requisitos gerais.
- Parte 2 – Requisitos para sistemas estruturais.
- Parte 3 – Requisitos para sistemas de pisos.
- Parte 4 – Requisitos para sistemas de vedações verticais.
- Parte 5 – Requisitos para sistemas de coberturas.
- Parte 6 – Requisitos para sistemas hidrossanitários.

Os requisitos e critérios mínimos de desempenho estabelecidos nessas seis partes são organizados em três grupos de exigências dos usuários: segurança, habitabilidade e sustentabilidade, incluindo durabilidade (Quadro 1.1).

Quadro 1.1 Requisitos de desempenho constantes da NBR 15575 (partes 1 a 6).

Grupo de requisitos	Principais aspectos ou exigências constantes de cada uma das seis partes da norma
Segurança	Desempenho estrutural
	Segurança ao fogo
	Segurança no uso e na operação
Habitabilidade	Estanqueidade à água
	Desempenho térmico
	Desempenho acústico
	Desempenho lumínico
	Saúde, higiene e qualidade do ar
	Funcionalidade e acessibilidade
	Conforto tátil e antropodinâmico
Sustentabilidade	Durabilidade
	Manutenibilidade
	Adequação ambiental

Essa norma tem um caráter interdisciplinar e atribui responsabilidades a cada agente da cadeia produtiva (projetistas, fornecedores, construtores, incorporadores e usuários) e evidencia a necessidade do estudo das condições de contorno, uso e exposição das edificações habitacionais.

As responsabilidades dos diversos intervenientes, explicitadas nessa versão de 2013, são relacionadas a seguir:

- Salvo convenção escrita, é da incumbência do **incorporador**, de seus prepostos e/ou dos projetistas envolvidos, dentro de suas respectivas competências, e não da empresa construtora, a identificação dos riscos previsíveis na época do projeto, devendo o incorporador, nesse caso, providenciar os estudos técnicos requeridos e prover aos diferentes projetistas as informações necessárias. Como riscos previsíveis, exemplifica-se: presença de aterro sanitário na área de implantação da obra, contaminação do lençol freático, presença de agentes agressivos no solo e outros passivos ambientais. Em consonância com os projetistas e a coordenação de projetos, e com usuários eventualmente, também é responsável por definir os níveis de desempenho (mínimo, intermediário ou superior) para os diferentes elementos da construção e/ou para a obra como um todo.

- Ao construtor, ou eventualmente ao incorporador, cabe elaborar os Manuais de Uso, Operação e Manutenção, bem como proposta de modelo de gestão da manutenção, em atendimento às normas NBR 14037 e NBR 5674, que devem ser entregues ao usuário da unidade privada e ao condomínio, se for o caso, quando da disponibilização da edificação para uso. Os Manuais de Uso, Operação e Manutenção da edificação podem registrar os correspondentes prazos de VUP e, quando for o caso, os prazos de garantia oferecidos pelo construtor ou pelo incorporador, recomendando-se que esses prazos sejam iguais ou maiores que os apresentados no Anexo C da parte 1 da ABNT NBR 15575.
- Os projetistas devem estabelecer e indicar nos respectivos memoriais e desenhos a VUP de cada sistema que compõe a obra, especificando materiais, produtos e processos que isoladamente ou em conjunto venham a atender ao desempenho mínimo requerido. Com esse intuito, o projetista deve recorrer às boas práticas de projeto, às disposições de normas técnicas prescritivas, ao desempenho demonstrado pelos fabricantes dos produtos contemplados no projeto e a outros recursos do estado da arte mais atual. Quando as normas específicas de produtos não caracterizam desempenho, ou quando não existirem normas específicas, ou quando o fabricante não tiver publicado o desempenho de seu produto, compete ao projetista solicitar informações ao fabricante para balizar as decisões de especificação. Quando forem considerados valores de VUP maiores que os mínimos estabelecidos na NBR 15575, estes devem constar dos projetos e/ou memorial de cálculo.
- Ao fornecedor de insumo, material, componente e/ou sistema cabe caracterizar o desempenho do componente, elemento ou sistema fornecido de acordo com a ABNT NBR 15575, o que pressupõe fornecer também o prazo de vida útil previsto para o bem fornecido, os cuidados na operação e

na manutenção do produto etc. Podem também ser fornecidos resultados comprobatórios do desempenho do produto com base em normas internacionais ou estrangeiras compatíveis com a NBR 15575.

- Ao usuário da edificação habitacional, proprietário ou não, cabe utilizar corretamente a edificação, não realizando sem prévia autorização da construtora e/ou do Poder Público alterações na sua destinação, nas cargas ou nas solicitações previstas nos projetos originais. Cabe ainda realizar e registrar as manutenções preventivas de acordo com o estabelecido no Manual de Uso, Operação e Manutenção do imóvel e nas normas NBR 5674 e NBR 14037.

Também representa um marco para a modernização tecnológica da construção brasileira e para a melhoria da qualidade das habitações, além de trazer diretrizes fundamentais que orientam disputas e demandas, considerando os requisitos e critérios mínimos de desempenho e a VUP; em outras palavras, a norma contribui para regular o mercado da habitação.[11]

A ABNT NBR 15575 trata de edificações habitacionais e, apesar de não haver obrigatoriedade por parte da ABNT, essa "obrigatoriedade" é tratada na legislação brasileira, como no Código de Defesa do Consumidor e em outras leis. O governo federal, por meio do Programa Brasileiro da Qualidade e Produtividade no Habitat (PBQP-H), também adota a Norma de Desempenho como obrigatória em seus programas habitacionais, por meio dos seus sistemas estruturantes, como o Sistema de Avaliação de Conformidade de Serviços (SiAC) e o Sistema Nacional de Avaliações Técnicas (SiNAT). Os intervenientes no processo de produção da edificação estão sujeitos à responsabilidade e à demonstração de evidências do atendimento da ABNT NBR 15575 e das normas brasileiras, que, de forma geral, é fundamental.

Além de diversas dissertações, livros e artigos sobre a norma de desempenho de edificações habitacionais, existem duas publicações da Câmara Brasileira da Indústria da Construção (CBIC),[12, 13] que detalham os critérios e os respectivos métodos de avaliação, e tiram diversas dúvidas específicas.

Importante frisar que a ABNT NBR 15575, apesar de ser destinada a edificações habitacionais, induz outros setores a também estabelecerem critérios mínimos de referência, como edificações escolares, hospitais, hotéis etc. Os critérios de desempenho definidos nessa norma são destinados para as habitações, entretanto, os requisitos de caráter qualitativo são aplicáveis para edificações com outros usos, considerando sua função e localização. Os critérios devem ser estabelecidos considerando o uso e é razoável, assim, que edificações escolares ou hospitalares tenham critérios de desempenho acústico, por exemplo, mais rigorosos. De qualquer forma, critérios específicos podem ser definidos por incorporadores, proprietários/usuários, projetistas e demais intervenientes, e formalizados nos respectivos programas de necessidades.

É importante ainda ressalvar que as normas técnicas nacionais estão sempre em revisões periódicas e, portanto, o leitor deve acompanhar as versões mais atuais, com suas alterações e complementações. A ABNT NBR 15575 está atualmente em processo de revisão, tendo sido alterados os critérios relativos ao desempenho térmico acústico, nas emendas publicadas em 2021. Um dos aspectos importantes que deverá ser discutido é a durabilidade, em particular quanto às responsabilidades dos intervenientes e definição ou informação a respeito da vida útil. Outro aspecto importante a ser definido é a responsabilidade por definição da agressividade ambiental, por exemplo, como diferenciar ao longo da costa brasileira as regiões consideradas como marinhas.

1.4 Normas de desempenho e normas prescritivas

As normas técnicas desenvolvidas com base no conceito de desempenho trazem os requisitos e critérios de desempenho, bem como os métodos de avaliação, tal qual a ABNT NBR 15575. Essas normas não estabelecem uma receita ou um procedimento a ser seguido, mas um objetivo, um parâmetro a ser cumprido. As normas prescritivas, por sua vez, trazem regras e especificações já definidas para um produto (material, componente ou sistema), pois se sabe de antemão que, atendendo a essas regras, tal produto pode apresentar um adequado desempenho, incluindo as características dos materiais e componentes empregados, as premissas de projeto e os procedimentos de execução previstos. As normas prescritivas são elaboradas quando existe uma ampla informação consolidada sobre o assunto, considerando também a experiência no uso do produto ou do sistema. A Figura 1.5 resume as diferenças entres esses dois tipos de normas.

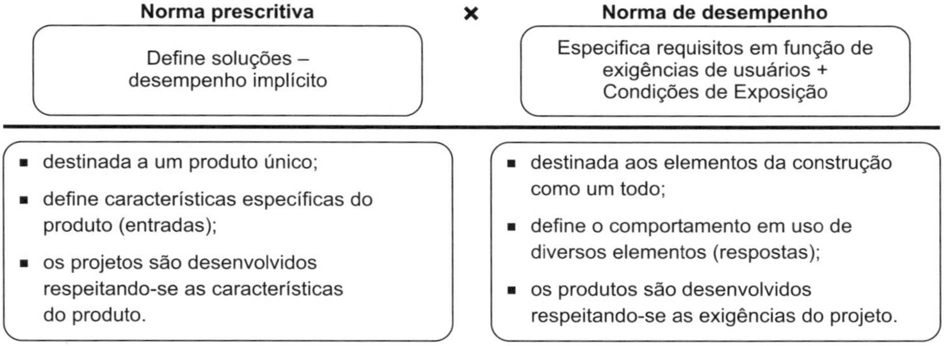

Norma prescritiva	×	Norma de desempenho
Define soluções – desempenho implícito		Especifica requisitos em função de exigências de usuários + Condições de Exposição
▪ destinada a um produto único; ▪ define características específicas do produto (entradas); ▪ os projetos são desenvolvidos respeitando-se as características do produto.		▪ destinada aos elementos da construção como um todo; ▪ define o comportamento em uso de diversos elementos (respostas); ▪ os produtos são desenvolvidos respeitando-se as exigências do projeto.

Figura 1.5 Comparação entre o escopo de norma técnica tipo prescritiva e de desempenho.

Considerações finais

Este capítulo introduziu o conceito de desempenho, que deve ser aplicado em projetos de qualquer tipo – residencial, escolar, hospital, pontes, entre outras. Nesse contexto, a norma ABNT NBR 15575 (Norma de Desempenho brasileira), apesar de ser destinada a edificações residenciais, é considerada uma referência para outros setores.

Assim, este livro trata das relações entre o conceito de desempenho, o projeto, a execução e a manutenção das edificações, sendo cada um dos assuntos tratados em capítulos diferentes. Pela importância e complexidade do assunto, dedica-se um capítulo para o assunto "durabilidade", visto ser um requisito que é impactado pela perda de desempenho de qualquer um dos requisitos. Também se dedica um capítulo para o tema "seleção tecnológica", visto que permeia e ocorre tanto na fase de projetos, execução quanto manutenção.

Exercícios propostos

Os exercícios apresentados a seguir destinam-se a fixar e a aprofundar os conhecimentos apresentados neste capítulo, sendo igualmente recomendada sua resolução individual ou em grupos.

Exercício 1.1

Para as afirmações enunciadas a seguir, qualifique cada uma delas como **V (verdadeira) ou F (falsa)**, com base no texto do capítulo.

( ) No Brasil, antes da publicação, em 19 de fevereiro de 2013, da norma técnica ABNT NBR 15575:2013, não existiam requisitos para o desempenho das edificações habitacionais.

( ) Existem fortes correspondências entre o conceito de desempenho e a sustentabilidade das edificações.

( ) Os requisitos de desempenho dos sistemas que compõem uma edificação são variáveis com os materiais, componentes ou sistemas construtivos adotados; por exemplo, uma estrutura de concreto armado deve atender a um requisito de resistência ao fogo diferente do que é exigido para uma estrutura de madeira.

( ) Atualmente, entre as diversas normas ABNT em vigor, encontram-se tanto normas prescritivas quanto normas desenvolvidas com base no conceito de desempenho.

Exercício 1.2

Discuta com colegas a **responsabilidade sobre o desempenho** de uma edificação residencial, à luz dos conceitos apresentados no capítulo, de cada um dos seguintes agentes:

- incorporadores imobiliários;
- corretores imobiliários;
- arquitetos autores dos projetos;
- engenheiros autores dos projetos;
- engenheiros residentes das obras;
- proprietários dos imóveis.

Exercício 1.3

Para os produtos empregados na construção das edificações, definem-se regras ou exigências de desempenho **em função do emprego que terão nessa edificação**, considerando ações externas, impostas pela natureza ou localização, e internas, impostas pelo uso. Exemplifique essa afirmação nos seguintes casos:

- revestimentos cerâmicos de piso;
- pintura sobre revestimento de argamassa;
- luminárias.

Referências bibliográficas

[1] MITIDIERI FILHO, C. V. *Avaliação de desempenho de componentes e elementos construtivos inovadores destinados a habitações*: proposições específicas à avaliação do desempenho estrutural. Tese (Doutorado em Engenharia) – Escola Politécnica da Universidade de São Paulo (EPUSP). São Paulo, 1998.

[2] ASSOCIAÇÃO BRASILEIRA DE NORMAS TÉCNICAS (ABNT). *ABNT NBR 15575* – Edificações habitacionais – Desempenho (coletânea eletrônica). Rio de Janeiro: ABNT, 2013. 381 p.

[3] MITIDIERI FILHO, C. V.; GUELPA, D. F. V. Avaliação de desempenho de sistemas construtivos inovadores destinado a habitações térreas unifamiliares: desempenho estrutural. *Boletim Técnico da Escola Politécnica da USP*, Departamento de Engenharia de Construção Civil, BT/PCC/061. São Paulo: EPUSP, 1992. 11 p.

[4] INTERNATIONAL ORGANIZATION FOR STANDARDIZATION (ISO). *ISO 6241*: performance standards in buildings – principles for their preparation and factors to be considered. Genebra, 1984.

[5] INTERNATIONAL ORGANIZATION FOR STANDARDIZATION (ISO). *ISO 19208*: framework for specifying performance in buildings. Genebra, 2016.

[6] SOUZA, R.; MITIDIERI FILHO, C. V. Avaliação de desempenho de sistemas construtivos destinados à habitação popular: conceituação e metodologia. *In*: TECNOLÓGICAS, Divisão de Edificações do Instituto de Pesquisas (org.). *Tecnologia de edificações*: projeto de divulgação tecnológica Lix da Cunha. São Paulo: Pini, 1988. p. 139-142.

[7] INSTITUTO DE PESQUISAS TECNOLÓGICAS DO ESTADO DE SÃO PAULO (IPT). *Critérios mínimos de desempenho para habitações térreas de interesse social*: texto para discussão. IPT, PBQP-H, São Paulo, 1998.

[8] ASSOCIAÇÃO BRASILEIRA DE NORMAS TÉCNICAS (ABNT). *ABNT NBR 15930* – Portas de madeira para edificações – Requisitos. Rio de Janeiro, 2018.

[9] ASSOCIAÇÃO BRASILEIRA DE NORMAS TÉCNICAS (ABNT). *ABNT NBR 10821* – Esquadrias externas (coletânea). Rio de Janeiro, 2017.

[10] ALMEIDA, L. F. A. *Diretrizes e boas práticas de planejamento e projeto visando a qualidade e produtividade de edifícios complexos*. Dissertação (Mestrado em Habitação: Planejamento e Tecnologia) – Instituto de Pesquisas Tecnológicas do Estado de São Paulo (IPT). São Paulo, 2008.

[11] AMARAL NETO, Celso de Sampaio *et al*. *Norma de Desempenho*: um marco regulatório na construção civil. São Paulo: ConstruBR, 2014. 64 p. Disponível em: https://www.precisaoconsultoria.com.br/download/normadesempenho.pdf. Acesso em: 22 nov. 2019.

[12] CÂMARA BRASILEIRA DA INDÚSTRIA DA CONSTRUÇÃO (CBIC). *Desempenho de edificações habitacionais*. *Fortaleza*: Gadioli Cipolla Comunicação, 2013. 308 p. Disponível em: https://cbic.org.br/wp-content/uploads/2017/11/Guia_da_Norma_de_Desempenho_2013.pdf. Acesso em: 28 ago. 2018.

[13] CÂMARA BRASILEIRA DA INDÚSTRIA DA CONSTRUÇÃO (CBIC). *Dúvidas sobre a norma de desempenho*. *Brasília*: CBIC, 2015. 162 p.

2

Durabilidade e Vida Útil dos Edifícios e suas Partes

Uma das exigências de desempenho mais complexas é a de durabilidade, com grande dificuldade no estabelecimento da vida útil dos edifícios e de suas partes. O comprometimento de qualquer requisito de desempenho também se reflete na durabilidade, ou seja, falhas estruturais que afetem a estabilidade ou integridade de um sistema de vedação vertical também afetam sua durabilidade. A falta de estanqueidade à água ou isolação sonora de uma esquadria, por exemplo, afetam a durabilidade dessa esquadria, pois esta passa a não exercer mais suas funções, sendo necessária a previsão de reparos ou substituição. Além do conceito de durabilidade estar vinculado ao atendimento aos diversos requisitos de desempenho, também está ligado ao conceito de degradação ou obsolescência, isto é, alguns componentes podem sofrer degradação em função da sua exposição a determinados agentes atmosféricos, ou podem perder sua função se passarem a ser considerados obsoletos, como é o caso de algumas instalações elétricas de edifícios da década de 1980, que não previam equipamentos eletrônicos, redes digitais e outras facilidades. Conforme a Norma de Desempenho – Parte 1 (ABNT NBR 15575-1)[1] "a durabilidade de um produto se extingue quando ele deixa de atender às funções que lhe foram atribuídas, quer seja pela degradação que o conduz a um estado insatisfatório de desempenho, quer seja por obsolescência funcional".*

Informações sobre durabilidade também são relevantes para a realização de análises de impacto ambiental, pois, quanto maior for a durabilidade de uma edificação, ou de suas partes, em geral, menor será o consumo de recursos ao longo do tempo, pois as atividades de manutenção visando a substituições serão mais espaçadas, requerendo menor consumo de materiais e de energia. Em razão disso, em alguns países, como na França, o termo "sustentável" é substituído por "durável" (*développement durable*). Assim, o objetivo deste capítulo é apresentar o conceito de durabilidade e discutir o critério de vida útil, vinculado também ao tema degradação e obsolescência.

2.1 Conceitos de durabilidade, vida útil, manutenção e garantia

A durabilidade pode ser entendida, segundo a norma de desempenho (ABNT NBR 15575-1:2013), como "a capacidade da edificação ou de seus sistemas de desem-

* **Obsolescência:** estado do que está prestes a se tornar inútil, ultrapassado ou obsoleto; processo pelo qual algo passa até se tornar antigo ou ultrapassado (dicionário Aurélio, *on-line*, disponível em: https://www.dicio.com.br/aurelio-2/. Acesso em: 14 jun. 2022).

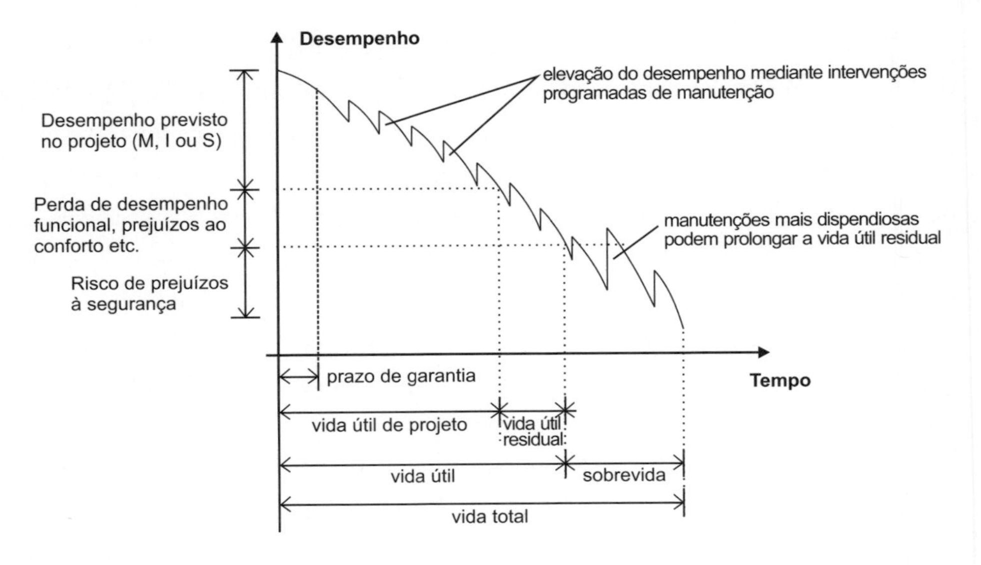

Figura 2.1 Vida útil × desempenho.

penhar suas funções ao longo do tempo e sob condições de uso e manutenção especificadas no manual de uso, operação e manutenção". A Figura 2.1 ilustra que o desempenho e, consequentemente, a durabilidade das edificações somente é mantida desde que ocorram atividades de manutenção.

O atendimento à vida útil de projeto (VUP) tem relação direta com as operações de manutenção e, por consequência, com a manutenibilidade, isto é, com o grau da facilidade da realização de inspeção e manutenção do edifício ou de suas partes. Quanto mais difícil é a possibilidade de recuperar, reformar ou substituir um sistema ou uma parte da edificação, mais difícil é manter sua durabilidade, ou seja, atender à VUP. Por exemplo, no caso de dificuldades de acesso a uma fachada envidraçada de edifícios de múltiplos pavimentos, fica difícil a realização de inspeções e a identificação da gravidade de eventuais problemas, dificultando a intervenção a ser feita; a falta de manutenção ou a manutenção inadequada afeta o atendimento à VUP, conforme ilustra a Figura 2.1. Assim, se há dificuldades de acesso e a periodicidade da inspeção é mais espaçada, ou seja, se haverá mais dificuldades para realizar a manutenção, maior deve ser o cuidado com o projeto e a execução da edificação, para que seja atingida a vida útil de projeto.

O Quadro 2.1 apresenta uma matriz com parâmetros para definição da VUP em função do efeito de falha no desempenho, do grau de facilidade da manutenção e do custo de realização da manutenção, relação abordada tanto na norma brasileira de desempenho (ABNT NBR 15575), quanto em outras normas internacionais, como a BS7453 (2015).[2]

Quadro 2.1 Matriz de orientação para definição de VUP em função de parâmetros de efeito de falha, grau de facilidade de manutenção e respectivo custo (adaptado da ABNT NBR 15575-1:2013).

Valor sugerido de VUP para sistemas, elementos e componentes	Efeito da falha no desempenho do sistema	Categoria e dificuldade de manutenção	Categoria de custo de manutenção
Entre 5 e 8 % da VUP da estrutura	Sem problemas excepcionais	Substituível	Baixo custo de manutenção
Entre 8 e 15 % da VUP da estrutura	Sem problemas excepcionais	Substituível	Médio custo de manutenção ou reparo
Entre 15 e 25 % da VUP da estrutura	Sem problemas excepcionais, mas compromete a segurança de uso	Substituível	Médio ou alto custo de manutenção ou reparo/ custo de reposição é equivalente ao inicial
Entre 25 e 40 % da VUP da estrutura	Interrupção de uso do edifício, e compromete a segurança de uso	Manutenível	Alto custo de manutenção ou reparo/custo de reposição superior ao custo inicial
Entre 40 e 80 % da VUP da estrutura	Perigo à saúde Perigo de ferimentos	Manutenível	Alto custo de manutenção ou reparo/custo de reposição muito superior ao custo inicial
100 % da VUP da estrutura	Perigo à saúde Perigo de ferimentos Perigo à vida	Não manutenível	Alto custo de manutenção ou reparo/custo de reposição muito superior ao custo inicial

O setor da Construção Civil, atualmente, tem discutido com mais ênfase a questão da durabilidade e manutenção dos edifícios, em razão:

a) da publicação da norma brasileira de desempenho (ABNT NBR 15575-1:2013) e de outras quatro normas que tratam de manutenção, reformas e inspeção (NBR 5674,[3] NBR 14037,[4] NBR 16280,[5] NBR 16747[6]), como ilustra a Figura 2.2;
b) do grande número de edificações construídas com idades superiores a 50 anos, que não demandavam tantos serviços anteriormente;

c) do grande número de edificações construídas nos últimos 10 a 15 anos, destinadas a habitações de interesse social, que muitas vezes carecem de uma manutenção mais adequada;

d) dos incidentes que vem ocorrendo nos últimos anos.

Quadro 2.2 Normas técnicas relativas a aspectos de durabilidade, manutenção e reforma em edificações.

Norma de Desempenho ABNT NBR 15575	Norma de Gestão da Manutenção ABNT NBR 5674	Norma de Operação, Uso e Manutenção ABNT NBR 14037	Norma de Reforma ABNT NBR 16280	Norma de Inspeção Predial ABNT NBR 16474
▪ Estabelece o conceito de VUP, considerando a necessidade de manutenção. ▪ Discute que a VU deve ser igual ou maior que a VUP, e discute conceitos de degradação.	▪ Discute aspectos associados à gestão da manutenção.	▪ Apresenta diretrizes para a elaboração de manuais de uso, operação e manutenção das edificações, seja de áreas privadas, seja de áreas comuns.	▪ Orienta o proprietário ou usuário de uma unidade, o condomínio e o síndico sobre a realização de reformas.	▪ Define conceitos e diretrizes para a inspeção predial.

Para entender o tema durabilidade, é preciso conhecer conceitos como inspeção, manutenção, manutenibilidade, custo global, vida útil de projeto (VUP), vida útil (VU) e garantia. As definições a seguir foram estabelecidas com base em conceitos da ISO 15686 (partes 2 e 8),[7, 8] NBR 16747 e NBR 15575-1:

- **Inspeção predial:** processo de avaliação das condições técnicas, de uso, operação, manutenção e funcionalidade da edificação e de seus sistemas construtivos, de forma sistêmica e predominantemente sensorial, considerando os requisitos dos usuários. A inspeção visando à manutenção preventiva pode evitar falhas ou problemas patológicos de maior gravidade, indicando serviços menos custosos do que os realizados a título de manutenção corretiva.
- **Manutenção:** conjunto de atividades a serem realizadas ao longo da vida útil da edificação para conservar ou recuperar sua capacidade funcional e de seus sistemas constituintes de atender as necessidades e segurança de seus usuários.

- **Manutenibilidade:** grau de facilidade de um sistema, elemento ou componente de ser mantido ou recolocado no estado no qual possa executar suas funções requeridas, sob condições de uso especificadas, quando a manutenção é executada sobre condições determinadas, procedimentos e meios prescritos.
- **Custo global:** conceito resultante da somatória dos custos de produção (planejamento + projeto + execução), de operação e de manutenção ao longo da vida útil da edificação.
- **Vida útil (VU –** ***service life*** **[SL]):** medida temporal da durabilidade real de um edifício ou de suas partes, compostas por sistemas e componentes construtivos.
- **Vida útil residual:** consiste no período, após a vida útil de projeto, em que o sistema ou os componentes construtivos (partes da edificação) apresentam decréscimo continuado do desempenho.
- **Vida útil de referência (VUR –** ***reference service life*** **[RSL]):** vida útil de um componente, esperada sob condições de exposição específicas, consideradas como condições de referência. Informação que deve ser coletada junto aos fabricantes. O conceito de vida útil de referência foi aqui exposto com base na ISO 15686, pois este conceito ainda não foi introduzido na NBR 15575.
- **Vida útil estimada (VUE –** ***estimated service life*** **[ESL]):** vida útil do edifício ou de suas partes estimada a partir dos dados de VUR e da análise da diferença entre as condições específicas de exposição e uso e as condições de exposição e uso de referência. A VUE do componente é calculada considerando as condições específicas de uso ou, no caso de desconhecimento dessas condições, multiplicando-se a VUR do componente por coeficientes de minoração, a critérios dos projetistas, ou seguindo algum método, como o método dos fatores da ISO 15686-8.
- **Vida útil de projeto (VUP –** ***design life*** **[DL]):** o período estimado para o qual um sistema (produto) é projetado (premissa de projeto), a fim de atender aos requisitos de desempenho estabelecidos, considerando os requisitos das normas aplicáveis, o estágio do conhecimento no momento do projeto e supondo o atendimento da periodicidade e correta execução dos serviços de manutenção pré-definidos, conforme a NBR 15575-1. A VUP é a exigência, ou seja, o requisito estabelecido por norma ou pelos incorporadores com a equipe técnica.

As informações de VUP devem orientar períodos de inspeção e trocas de materiais e componentes construtivos, contribuindo para a melhoria da gestão da manutenção e para a análise do custo global dos edifícios. A VUP é uma definição da engenharia em conjunto com incorporador e/ou proprietário. O Quadro 2.3 expõe os prazos mínimos de VUP em função dos sistemas do edifício, conforme a NBR 15575-1. É importante observar que, como essa norma é para edifícios residenciais, esses prazos de VUP também o são. Espera-se que um edifício público tenha uma vida útil de projeto maior que as edificações residenciais, até mesmo por motivos de salvaguarda de patrimônio público. Já para algumas edificações com muitos equipamentos e instalações, a VUP pode ser menor, em razão da obsolescência de tais utilidades.

Quadro 2.3 VUP dos sistemas para edificações habitacionais, conforme ABNT NBR 15575:2013.

Sistema	Desempenho (anos)		
	Mínimo	Intermediário	Superior
Estrutura	≥ 50	≥ 63	≥ 75
Pisos internos	≥ 13	≥ 17	≥ 20
Vedação vertical externa	≥ 40	≥ 50	≥ 60
Vedação vertical interna	≥ 20	≥ 25	≥ 30
Cobertura	≥ 20	≥ 25	≥ 30
Hidrossanitário	≥ 20	≥ 25	≥ 30

Assim, é possível adotar os valores de VUP da Norma de Desempenho (NBR 15575-1) como referência, ou fazer uma previsão em função da possibilidade ou facilidade de manutenção e da possibilidade de antever a ocorrência de eventuais falhas no desempenho de um sistema.

Os prazos de vida útil iniciam a partir da data de conclusão do edifício, a qual para efeito da NBR 15575 é a data de expedição do auto de conclusão da edificação, "Habite-se" ou "auto de conclusão" ou outro documento legal que ateste a conclusão das obras.

Período de garantia: do ponto de vista eminentemente técnico, à luz da ABNT NBR 15575-1:2013, entende-se que o período de garantia é diferente do período de vida útil, visto que no período de garantia os problemas podem ser decorrentes de falhas de projeto, de fabricação e instalação, ou de execução, e ocorrem, geralmente, nos primeiros anos de vida da edificação. A NBR 15575-1:2013 traz uma diferenciação entre prazo de garantia contratual e prazo de garantia legal, sendo o contratual igual ou superior ao legal, oferecido voluntariamente pelo fornecedor. Os prazos de garantia usualmente praticados pelo setor da Construção Civil, apresentados no Anexo D da citada norma técnica (prazos de garantia recomendados), correspondem ao período em que há elevada probabilidade de aparecerem vícios ou defeitos em produtos ou em sistemas em estado de novos, com perda de desempenho. Por exemplo, a NBR 15575-1 sugere um período de garantia para esquadrias de madeira de 1 ano, considerando falhas de empenamento, destacamento e estabilidade, mas a VUP sugerida é de no mínimo 20 anos, isto é, a esquadria precisa cumprir suas funções de isolamento acústico, estanqueidade à água e ao ar, resistência a cargas de vento, resistência a cargas devidas ao uso etc. por no mínimo 20 anos, desde que ocorram as devidas ações de manutenção.

As questões de garantias, como têm implicações de ordem jurídica, são sempre complexas, recomendando-se a leitura do livro *Falhas, responsabilidades e garantias na Construção Civil.*[9]

2.2 Durabilidade, vida útil e vida útil de projeto

Espera-se que o valor real atingido de vida útil (VU) seja maior que o valor da vida útil de projeto (VUP). No entanto, isso pode variar e o valor da VU ser até inferior ao valor da VUP, em razão de deficiências das atividades de manutenção, da atuação ou da mudança temporal de agentes de degradação, de fatores internos de operação e uso, sob controle do usuário, e até de fatores externos, naturais, não previstos e fora de controle.

Todos os materiais e sistemas construtivos sofrem degradação em função do tempo, o que tende a diminuir a vida útil do edifício para valores aquém da VUP; esse fato dá origem ao conceito de vida útil (VU), ou seja, o período em que o edifício efetivamente atende aos requisitos de desempenho, período este que varia conforme o material/sistema a ser adotado e do seu local de instalação. A VU pode ser maior ou menor do que a VUP. Caso a VU seja menor, significa que o critério de durabilidade não foi atendido e que o projeto, a execução e ou a manutenção não foram adequados para a situação. Tal discussão vem sendo desenvolvida por vários autores desde a década de 1980 (BLACHÉRE, 1978;[10] NIREKI,

1996;[11] JOHN, 1987[12]). Tais autores também ressaltavam que nenhum material é durável ou não durável por si só, mas que cabe ao projeto antever as ações dos agentes agressivos e prescrever medidas que minimizem seu efeito; essa postura de responsabilidade sobre o projeto, corroborada pela ISO 13823 (2008),[13] é entendida como *durability design*.

Entende-se que simples decisões de projeto podem aumentar significativamente a durabilidade da edificação, reduzindo os impactos ambientais do ciclo de vida da edificação.

A degradação é considerada como a redução do desempenho devido à atuação de um ou de vários agentes. A ISO 19208:2016[14] organiza os agentes em mecânicos, eletromagnéticos, químicos, biológicos e térmicos, os quais podem interferir no comportamento do edifício e de suas partes de diferentes maneiras. Algumas bibliografias consideram que esses são os agentes de degradação. A NBR 15575-1 estabelece que "agente de degradação é tudo aquilo que age sobre um sistema, contribuindo para reduzir seu desempenho". As duas abordagens são compatíveis, sendo que a durabilidade está relacionada ou associada a agentes mecânicos, como ação de cargas estáticas ou dinâmicas atuantes; a agentes biológicos, como ataque por fungos e cupins; a agentes químicos, como ação de produtos de limpeza e da própria água; e a agentes físicos, como ação da radiação solar, em especial da radiação ultravioleta. Listas com maior ou menor grau de detalhe dos agentes de degradação podem ser encontradas em variadas referências.[15, 16, 17, 18]

Uma vez que cada região do planeta possui condições climáticas peculiares que remetem a agentes de degradação específicos, um mesmo material pode durar centenas de anos no deserto ou desintegrar-se em pouco tempo em locais úmidos. Essas peculiaridades remetem ao conceito de microclima, isto é, as condições ambientais que prevalecem na camada imediatamente adjacente à superfície dos materiais ou partes da edificação (ISO 15686-2:2001).

Assim, as condições de microclima, fator que afeta a degradação e durabilidade de qualquer material, sofrem alterações devido ao entorno do edifício, tipo e tamanho das cidades, uso do local, presença de poluentes, proximidades com o mar etc. (MARTEINSSON, 2008).[19] Por isso, as condições climáticas são categorizadas em macro, meso, local e microclima, como ilustrado na Figura 2.2.

Existem agentes de degradação que são unânimes em quase todos os casos, em particular a água nas suas três formas, temperatura, radiação solar, vento, poluen-

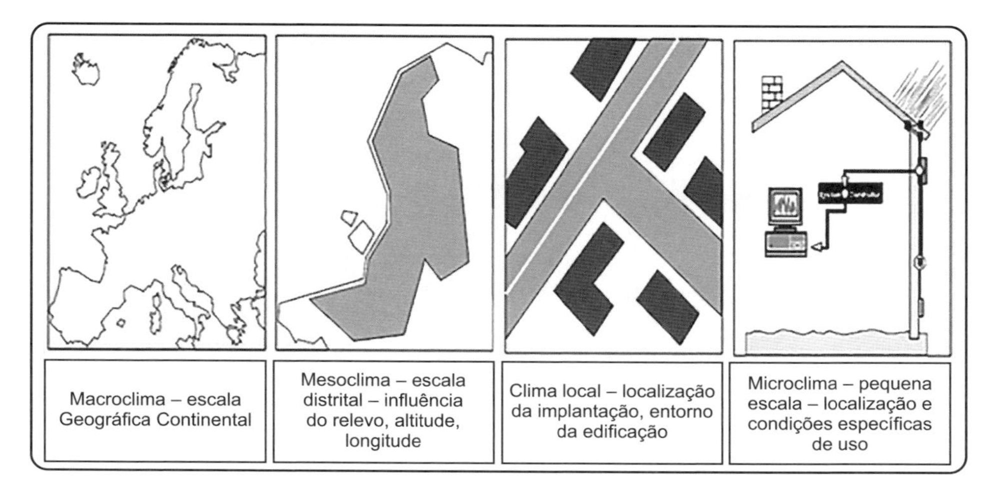

Figura 2.2 Representação do macroclima (continental), mesoclima (distrital), clima local (localização da implantação) e microclima (condições específicas) (adaptada de JERNBERG *et al.* [2014][20]).

tes e produtos químicos. Cada material de construção apresenta reações diferentes a esses agentes.

Uma vez conhecidos os agentes de degradação que atingem de forma negativa os produtos, é preciso estimar a relação quantitativa entre eles, ou seja, qual intensidade do agente provoca alterações (tipo e intensidade). A resposta útil almejada é a função degradação, que relaciona a ação de algum agente agressivo sobre algum requisito de desempenho do sistema ou propriedade do material. O Quadro 2.4 exemplifica alguns agentes, suas implicações e consequências no desempenho, com base no conceito da ISO 19208:2016.

Por exemplo, é importante saber que a ação de raios UV provoca degradação das texturas, mas essa informação é apenas um mero dado se não houver relação quantitativa entre essa degradação e quais alterações ela provoca na película, impactando suas características e comprometendo o desempenho do sistema onde ela está aplicada.

Nesse ponto é que se insere a metodologia proposta pela ISO 15686, que representa uma sistematização do conhecimento sobre como estimar a vida útil de forma padronizada e por meio de ensaios de envelhecimento natural, envelhecimento acelerado, compilação de dados de edifícios experimentais e análise estatística do estoque de edifícios. A partir desses dados, tenta-se inferir a função degradação dos materiais e/ou sistemas.

Quadro 2.4 Exemplo de interferência dos agentes na durabilidade, em função da ação/causa e sua consequência para a edificação ou suas partes (adaptação da ISO 19208:2016).

Categoria de desempenho	Requisito	Agentes	Ação/causa	Consequência das ações
Durabilidade	Estabilidade a ações climáticas	Radiação solar, temperatura (calor e frio)	Exposição à radiação solar (infravermelho, UVA e UVB)	Degradação (p. ex., variação da cor de componentes poliméricos, como pinturas e vernizes). Perda de estabilidade/degradação de componentes, devido à exposição a elevadas temperaturas (calor)
	Resistência à umidade/água	Água, solventes, agentes oxidantes	Ciclos de molhagem e secagem	Degradação Corrosão, no caso de componentes metálicos Ocorrência de fungos apodrecedores/apodrecimento, no caso de componentes de madeira Solubilização, no caso de componentes em gesso Expansão/retração (variação dimensional) por efeito de umidade, no caso de componentes cimentícios
	Resistência a manchamentos e alterações na superfície	Poluentes (fuligem, material particulado, por exemplo)	Presença de sujidades, poluentes	Dano à superfície, manchamentos devido à sujidade
		Água, agentes biológicos	Fungos/bolores	Degradação, manchas devidas à umidade, prejuízos à saúde humana
	Resistência ao calor e choque térmico	Agentes térmicos	Variação de temperatura (choque térmico)	Falhas, como fissuras, e degradação dos materiais/componentes Perda de cor e perda de estabilidade (degradação de componentes poliméricos)

Assim, para que projetistas e construtores definam a vida útil de projeto dos componentes construtivos (esquadrias, selantes etc.) e depois dos sistemas (vedação vertical, piso, cobertura, estrutura e instalações), é necessário que a durabilidade ou a vida útil de referência (VUR) desses componentes, sob determinadas condições de exposição, seja conhecida. E essa informação precisa ser divulgada ou apresentada pelos próprios fornecedores e fabricantes dos componentes da cadeia construtiva. Ocorre que, devido à elevada complexidade do processo que resulta nos dados de VUR, poucas empresas divulgam tal informação, provavelmente por questões de desconhecimento e pelo fato de não ser possível usar dados relativos a situações específicas de outros países.

2.3 Premissas fundamentais para elaboração de projeto visando ao atendimento à VUP

Para atender as exigências de desempenho de um edifício ou de suas partes, incluindo as exigências de durabilidade, a premissa é projetar considerando as partes da edificação e as interligações ou interfaces entre elas, sua função, aplicação e as condições de uso e de exposição. Nesse sentido, além do conhecimento das respostas aos quatro questionamentos expostos anteriormente (Capítulo 1, Figura 1.3), é essencial que o desenvolvimento dos projetos, visando ao atendimento à exigência de durabilidade. Considere outras premissas, como:

- Os projetos devem ser elaborados em atendimento às normas técnicas brasileiras vigentes.
- Os projetos devem prever o emprego de componentes e de materiais em conformidade com as normas técnicas brasileiras, e com desempenho compatível com a VUP do sistema no qual será integrado. Para tanto, é preciso conhecer as características dos produtos e fazer as especificações adequadas às condições de exposição. Por exemplo, no caso de portas de madeira, é fundamental citar o perfil de desempenho de acordo com a ABNT NBR 15930; se a porta de madeira for destinada ao uso interno em áreas molhadas ou molháveis deve ser especificada como PIM-RU. Para esquadrias externas, a especificação adequada deverá considerar a região onde será instalada, a altura da edificação, dentre outras condições, conforme a ABNT NBR 10821. Ou seja, para todos os produtos é necessário o conhecimento das normas técnicas e das condições de aplicação.

- A busca por informações com fornecedores a respeito da durabilidade do produto a ser adquirido é essencial. Caso a VUR não seja evidente, ao menos informações qualitativas precisam ser coletadas, como: histórico do comportamento do produto ao longo do tempo, reclamações recorrentes, existência de assistência técnica, e facilidade e custo de manutenção.
- No caso de produtos ou sistemas inovadores, para os quais não existem normas técnicas, é fundamental a verificação da existência de avaliações técnicas específicas e de documentos de avaliação técnica, como o DATec concedido no âmbito do Sistema Nacional de Avaliação Técnica (SiNAT) do PBQP-H.
- A análise da construtibilidade também deve estar presente, com o envolvimento de profissionais de execução de obras.
- Entendimento do macro, meso e microclima do edifício e suas partes, e, consequentemente, a identificação dos principais agentes de degradação (poluentes e agressividade ambiental, frequência e intensidade de chuvas, índices de umidade do ar, temperaturas e amplitude térmica, radiação ultravioleta).
- Atenção para a natureza dos materiais e os agentes de degradação que mais os impactam e, consequentemente, o requisito de durabilidade a ser priorizado na análise. Exemplos: resistência à corrosão dos componentes metálicos devido à presença de agentes químicos, como água e cloretos; resistência de materiais plásticos à radiação solar, principalmente devido à radiação ultravioleta; resistência a organismos xilófagos (cupins e fungos) de componentes em madeira devido à presença de cupins e umidade.

As demais etapas da obra também são fundamentais, como a devida atenção que deve ser dada às boas práticas de execução e o atendimento às normas técnicas que trazem procedimentos de execução. Manuais de fornecedores também devem ser considerados, respeitando-se limites, procedimentos e tolerâncias para instalação de produtos. A conformidade com o projeto é fundamental, bem como a gestão de suprimentos e o controle da qualidade dos materiais e serviços.

Na etapa de uso e manutenção, é fundamental a elaboração e implantação de programas de manutenção, respeitando-se as informações contidas em manuais de uso, operação e manutenção fornecidos pelas empresas construtoras e incorporadoras. O uso do edifício, de suas partes, das instalações e dos equipamentos deve ser feito em concordância com o que foi projetado e previsto, respeitando-se os limites e as informações contidas nos devidos manuais.

Considerações finais

Os conceitos de durabilidade, manutenibilidade e custo global estabelecidos na NBR 15575, aplicados a edifícios habitacionais, podem ser estendidos para outras tipologias de edifícios, respeitando-se obviamente os prazos diferenciados de VUP e as diferentes condições de uso.

As informações sobre a vida útil dos edifícios e suas partes, consideradas desde o projeto, subsidiam o planejamento das atividades pós-obra, na fase de uso, operação e manutenção da edificação, incluindo as inspeções periódicas, a periodicidade e os procedimentos de manutenção propriamente ditos. A inspeção predial visando à manutenção em períodos adequados pode evitar falhas ou problemas patológicos de maior gravidade, indicando serviços menos custosos do que os realizados na manutenção corretiva, reduzindo, portanto, o custo global da edificação, aspecto importante, visto já existirem pesquisas, como Almeida (2008),[21] que indicam que, em algumas situações, os custos iniciais significam apenas um terço do custo global do empreendimento.

Exercícios propostos

Os exercícios apresentados a seguir destinam-se a fixar e a aprofundar os conhecimentos apresentados neste capítulo, sendo igualmente recomendada sua resolução individual ou em grupos.

Exercício 2.1

Para as afirmações enunciadas a seguir, qualifique cada uma delas como **V (verdadeira) ou F (falsa)**, com base no texto do capítulo.

( ) Durabilidade é a capacidade de a edificação ou de seus sistemas de desempenhar suas funções ao longo do tempo e sob condições de uso e manutenção especificadas no manual de uso, operação e manutenção. Consequentemente, a durabilidade das edificações depende diretamente das atividades de manutenção.

( ) O valor da vida útil de projeto (VUP) pode variar em razão das atividades de manutenção, da atuação ou da mudança temporal de agentes de degradação, de fatores internos de operação e uso, sob controle do usuário, e até de fatores externos, naturais, não previstos e fora de controle.

( ) Segundo a NBR 15575:2013, a VUP para a estrutura ou para a vedação externa será maior do que a VUP de pisos e vedações internas de uma edificação habitacional; porém, no caso de uma residência de luxo, as VUPs de componentes de acabamento interno devem ser maiores do que a VUP da própria estrutura.

( ) Cada região geográfica possui condições climáticas peculiares que estão associadas a agentes de degradação específicos; apesar da presença desses agentes de degradação, pelo conceito de desempenho, um dado material de construção deve apresentar sempre a mesma durabilidade, seja no deserto, seja em climas úmidos.

Exercício 2.2

Suponha que você seja o "consultor de desempenho" de um grande empreendimento imobiliário residencial, atualmente em fase de projeto. O incorporador, após ter passado férias na Europa, trouxe algumas sugestões de tecnologias construtivas em uso corrente nos países que visitou, para que sejam adotadas no projeto em questão. Considerando que essas **tecnologias não são conhecidas no Brasil**, quais argumentos técnicos você poderia usar para orientar seu cliente quanto à adoção ou não dessas tecnologias para o projeto em questão?

Exercício 2.3

Escolha **três produtos de construção disponíveis no comércio local**. Para esses produtos, faça uma ampla pesquisa das informações disponíveis quanto ao seu desempenho. As informações encontradas seriam disponíveis para os especificar em um projeto habitacional, atendendo aos respectivos requisitos de desempenho estabelecidos pelas normas brasileiras? Justifique suas respostas.

Referências bibliográficas

[1] ASSOCIAÇÃO BRASILEIRA DE NORMAS TÉCNICAS (ABNT). *NBR 15575-1* – Edificações habitacionais – Desempenho. Requisitos gerais. Rio de Janeiro: ABNT, 2013.

[2] BRITISH STANDARD INSTITUTION (BSI). *BS 7543*: Guide to durability of buildings and building elements, products and components. London, 2015.

[3] ASSOCIAÇÃO BRASILEIRA DE NORMAS TÉCNICAS (ABNT). *ABNT NBR 5674* – Manutenção de edificações – Requisitos para o sistema de gestão de manutenção. Rio de Janeiro, 2012.

[4] ASSOCIAÇÃO BRASILEIRA DE NORMAS TÉCNICAS (ABNT). *ABNT NBR 14037* – Diretrizes para elaboração de manuais de uso, operação e manutenção das edificações – Requisitos para elaboração e apresentação dos conteúdos. Rio de Janeiro, 2011.

[5] ASSOCIAÇÃO BRASILEIRA DE NORMAS TÉCNICAS (ABNT). *ABNT NBR 16280* – Reforma em edificações – Sistema de gestão de reformas – Requisitos. Rio de Janeiro, 2015.

[6] ASSOCIAÇÃO BRASILEIRA DE NORMAS TÉCNICAS (ABNT). *ABNT NBR 16747* – Inspeção predial – Diretrizes, conceitos, terminologia e procedimento. Rio de Janeiro, 2020.

[7] INTERNATIONAL STANDARD ORGANIZATION (ISO). *ISO 15686-2* – Buildings and constructer assets – Service life planning – Part 2: Service life prediction procedures. Genebra, 2016.

[8] INTERNATIONAL STANDARD ORGANIZATION (ISO). *ISO 15686-8* – Buildings and constructed assets – Service-life planning – Part 8: Reference service life and service-life estimation. Genebra, 2008.

[9] DEL MAR, C. P. *Falhas, responsabilidades e garantias na Construção Civil*. São Paulo: Pini, 2008.

[10] BLACHÉRE, Gerard. *Saber construir:* Habitabilidad, durabilidad, economia de los edificios. 3. ed. Barcelona: Editores Técnicos Associados S.A., 1978.

[11] NIREKI, T. Service life design. *Construction and Building Materials*, v. 10, n. 5, p. 403-406, 1996.

[12] JOHN, Vanderley. *Avaliação da durabilidade de materiais, componentes e edificações* – Emprego do índice de degradação. Dissertação de Mestrado – Universidade Federal do Rio Grande do Sul (UFRGS). Porto Alegre, 1987.

[13] INTERNATIONAL STANDARD ORGANIZATION (ISO). *ISO 13823* – General principles on the design of structures for durability. Genebra, 2008.

[14] INTERNATIONAL STANDARD ORGANIZATION (ISO). *ISO 19208* – Framework for specifying performance in buildings. Genebra, 2016.

[15] SARJA, Asko; VESIKARI, E. Durability design of concrete structures. *RILEM Report Series 14*. London: E & FN Spon, 1996.

[16] EUROPEAN ORGANIZATION FOR TECHNICAL APRROVALS (EOTA). *Assessment of working Life of Construction Products* – Guidance Document. Bruxelas: EOTA, 1999. Disponível em: http://www.sgpstandard.cz/editor/files/stav_vyr/dok_es/eta/gd/gd003.pdf. Acesso em: 22 jun. 2022.

[17] INTERNATIONAL STANDARD ORGANIZATION (ISO). *ISO 15686-1* – Buildings and constructed assets – Service life planning – Part 1: General principles and framework. Genebra, 2011.

[18] LIMA, Maryangela Geimba de; MORELLI, Fabiano. Mapeamento dos agentes de degradação dos materiais. *In*: ROMAN, H.; BONIN, L. C. *Normalização e certificação na construção habitacional*. Porto Alegre: ANTAC, 2003. p. 54-67.

[19] MARTEINSSON, Bjorn. Homes in Iceland – Flexibility and Service Life Fulfilment of functional needs. *In*: 11th DBMC INTERNATIONAL CONFERENCE ON DURABILITY OF BUILDING MATERIALS AND COMPONENTS 2008, *Anais...*

[20] JERNBERG, Per *et al*. *Guide and bibliography to service life and durability research for building materials and components*. CIB Report Publication, Holanda, mar. 2004.

[21] ALMEIDA, L. F. A. *Diretrizes e boas práticas de planejamento e projeto visando a qualidade e produtividade de edifícios complexos*. Dissertação de mestrado – Instituto de Pesquisas Tecnológicas do Estado de São Paulo (IPT). São Paulo, 2008.

3

Interface entre Projeto e Desempenho

Neste capítulo será apresentada a interface entre o processo de projeto e os aspectos de desempenho da edificação, com ênfase na gestão do processo de projeto para o atendimento aos requisitos e critérios estabelecidos pelos órgãos reguladores e pelas normas técnicas brasileiras, notadamente a ABNT NBR 15575.

Quanto ao processo de projeto, serão discutidas as suas etapas, os agentes e as responsabilidades envolvidas para a obtenção do desempenho das edificações ao longo do tempo, seja em projetos de obras novas, seja no caso de empreendimentos de reabilitação, restauro, reforma ou *retrofit* de edificações.

Uma ênfase especial será dada à utilização de competências em verificação, análise crítica e validação das soluções de projeto, bem como ao uso de ferramentas de modelagem e simulação para a avaliação do desempenho das soluções projetadas.

A inovação tecnológica em produtos e sistemas, como uma das possibilidades existentes, será também discutida, face às sistemáticas de avaliação técnica vigentes no Brasil, como forma de previsão do desempenho provável de soluções técnicas adotadas em projeto.

3.1 Processo de projeto e desempenho

Melhado (1994)[1] conceitua projeto como "uma atividade ou serviço integrante do processo de construção, responsável pelo desenvolvimento, organização, registro e transmissão das características físicas e tecnológicas especificadas para uma obra, a serem consideradas na fase de execução".

Dentro de um ambiente de gestão da qualidade, o processo de projeto deve estar voltado ao atendimento das necessidades de informação de todos os clientes internos que atuam no ciclo de produção do empreendimento. Também se deve ensejar que tal processo de elaboração dê vazão às inovações tecnológicas, sem se basear exclusivamente na tecnologia tradicional, removendo, assim, um dos entraves para a verdadeira industrialização da construção de edifícios (MELHADO, 2001).[2]

A quantidade e a qualidade das informações contidas no projeto influenciam a qualidade final da edificação. Quanto pior é a qualidade do projeto, maior é a probabilidade de ocorrerem problemas durante as fases de construção e manutenção (OLIVEIRA; MAIZIA; MELHADO, 2008).[3] Tanto maior também é a probabilidade de não atender às necessidades dos usuários, qualificadas em requisitos e critérios de desempenho mensuráveis.

Para assegurar a qualidade do projeto com relação ao desempenho, o processo de projeto, em todas as suas fases, desde o início da concepção até o detalhamento final, deve considerar os requisitos de normas técnicas e as exigências de programas específicos de necessidades, como no caso de edificações habitacionais, hospitalares, comerciais e hoteleiras, além de efetuar verificações e análises para comprovar o atendimento a tais requisitos.

O atendimento às normas técnicas e, em particular, àquelas que incorporam o conceito de desempenho, como a Norma de Desempenho brasileira (ABNT NBR 15575:2013), exige um processo de projeto fundamentado na integração entre todas as disciplinas de projeto, no âmbito da arquitetura, da engenharia e especialidades de consultoria envolvidas, bem como a integração do projeto às decisões tomadas no contexto da execução das obras e dos procedimentos de manutenção a serem previstos, considerando as condições de uso da edificação. Nesse sentido, deve ser dada especial atenção aos procedimentos para contratação e para coordenação de projetos.

De acordo com Melhado (2001), espera-se que os projetistas tenham capacidade de traduzir os objetivos e as restrições em alternativas de soluções funcionais e tecnológicas com desempenho equivalente, de selecionar a alternativa que demanda o mínimo de recursos, e de traduzir as opções de projeto em níveis de desempenho esperados para o produto final.

Cabe aos projetistas especificarem os materiais, produtos e processos que atendam aos requisitos de desempenho com base em normas técnicas e nas características declaradas pelos fornecedores, devidamente comprovadas por avaliação realizada de acordo com a regulamentação vigente.

E, ainda, para assegurar os resultados de desempenho das soluções projetadas, é fundamental a participação dos projetistas estendida à fase de execução, dentro do conceito de projeto como serviço, o que significa a solução efetiva dos problemas vinculados às necessidades previstas e não previstas, as últimas podendo surgir até o final do processo do empreendimento e, inclusive, após a entrega ao usuário (MELHADO, 1994).

A seguir, analisa-se o processo de projeto com foco em desempenho, mostrando-se que sua definição e gestão podem contribuir decisivamente para os resultados alcançados na fase de uso, operação e manutenção, ou seja, o desempenho "percebido", que afeta diretamente seus usuários, e os processos de manutenção necessários à preservação dos níveis de desempenho reais ao longo da vida útil das edificações.

3.1.1 Gestão do processo de projeto

De Paula, Arditi e Melhado (2017)[4] afirmam que os requisitos de desempenho modificaram a natureza do projeto, da construção e da operação de edifícios, exigindo a evolução dos conceitos relacionados com a gestão do processo de projeto.

Para a gestão do processo de projeto com foco em desempenho, é imprescindível:

- identificar os principais agentes do processo de projeto e as respectivas atribuições;
- definir os escopos de cada etapa do processo de projeto, para cada disciplina;
- promover a análise crítica das soluções de projeto, com relação ao desempenho, ao final de cada uma das etapas do processo;
- assegurar a continuidade do foco no desempenho também na fase intermediária entre projeto e obra, ou seja, na fase de preparação para execução das obras.

Segundo Oliveira (2009),[5] a equipe de projetistas deve ser formada por agentes com conhecimentos e atribuições diversas, sendo dois os principais tipos de disciplinas envolvidas:

1. Aquelas ligadas à criação do edifício, estabelecimento de sua forma e volumetria, estabelecimentos de padrões estéticos, cujos agentes responsáveis por essas atribuições, entre outras, são os projetistas de arquitetura.
2. Aquelas relativas às especificações das características e desempenho das tecnologias selecionadas, bem como definições e soluções das interfaces, tanto de projeto quanto de execução dos elementos.

No segundo grupo serão incluídos os projetistas de arquitetura, estruturas, vedações, sistemas prediais, de fachadas etc.

A seleção tecnológica na fase de projeto deve ser conduzida de forma a garantir a compatibilidade das soluções adotadas com as definições do programa de necessidades do empreendimento, além do atendimento às normas técnicas pertinentes – assunto discutido com mais detalhes no Capítulo 6.

A verificação, a análise crítica e a validação das soluções de projeto são atividades essenciais para a qualidade dos projetos, permitindo maior controle sobre seus resultados, ao longo das fases do processo de projeto.

Para mais clareza, com base no *Manual de escopo de projetos e serviços para coordenação de projetos* (2019),[6] adotam-se as seguintes definições para os termos mencionados anteriormente:

- **Verificação de projetos:** controle da qualidade de dados e documentos do projeto (e demais documentos emitidos no processo de projeto), antes de sua disponibilização aos demais projetistas, ao coordenador de projetos, ao cliente ou outros agentes envolvidos.
- **Análise crítica de projetos:** avaliação documentada, profunda, global e sistemática das soluções ou dos documentos de projeto, e demais elementos auxiliares, como propostas técnicas, relatórios e orçamentos, quanto à sua pertinência, sua adequação e sua eficácia em atender aos requisitos para o projeto, identificar problemas e propor o desenvolvimento de soluções para tais problemas, se houver.
- **Validação de projetos:** significa a comprovação, por meio da aprovação formal dos documentos de projeto pelo contratante, de que os requisitos para o projeto foram atendidos, considerados em parte (entregas parciais) ou no todo (entrega final). O conceito de validação também se aplica a outros tipos de documentos (atas, relatórios etc.), produzidos no âmbito dos relacionamentos formais estabelecidos entre os diversos envolvidos no processo de projeto.

A cada fase, os dados de entrada e de saída devem ser submetidos a um circuito de verificação (avaliação que faz parte do próprio desenvolvimento do projeto pelo projetista) e de análise crítica (desenvolvida ou contratada pela coordenação de projetos), que podem resultar em demandas de modificação dos projetos. Essas atividades de verificação e de análise crítica ajudarão a evitar que sejam adotadas soluções técnicas e tecnológicas que não tenham potencial de atendimento aos requisitos e critérios de desempenho.

Por último, as soluções de projeto deverão ser submetidas à coordenação de projetos, ou diretamente ao empreendedor, para sua validação. Uma não validação também demandará modificação dos projetos, significando que a fase ainda não pode ser dada como concluída.

A Figura 3.1 ilustra o processo de projeto, a cada etapa, considerando-se as atividades de verificação, de análise crítica e de validação descritas.

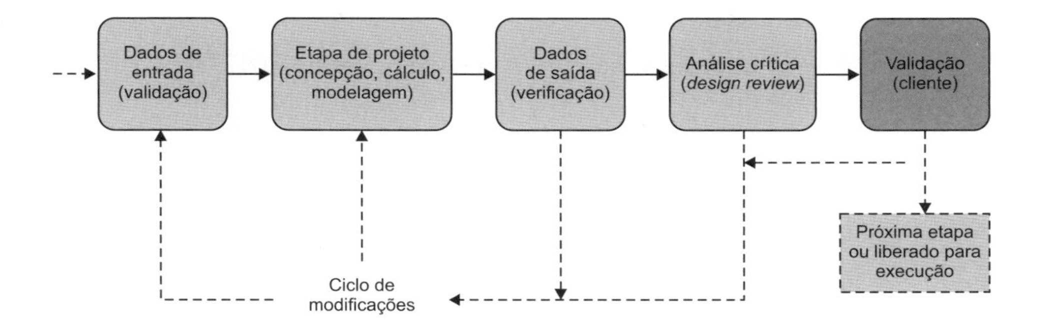

Figura 3.1 Atividades de controle a cada etapa do processo de projeto.

A seguir, discutem-se as fases de projeto e suas relações com o atendimento aos requisitos de desempenho.

3.1.2 Fases do processo de projeto, agentes e responsabilidades

No processo de projeto, desde suas primeiras etapas, devem ser tomadas decisões para assegurar o desempenho da edificação como um todo, avançando com o detalhamento de projeto, pela definição de seus sistemas e componentes.

O *Manual de escopo de projetos e serviços de Arquitetura e Urbanismo* divide o processo de projeto em seis fases (CAMBIAGHI; AMÁ, 2019):[7]

- Fase A – Concepção do produto
- Fase B – Definição do produto
- Fase C – Identificação e solução de interfaces de projeto
- Fase D – Detalhamento do projeto
- Fase E – Pós-entrega do projeto
- Fase F – Pós-entrega da obra

Na fase de **concepção do produto**, é papel do empreendedor, em conjunto com a empresa projetista de arquitetura, identificar os aspectos de concepção que podem afetar o desempenho (CAMBIAGHI; AMÁ, 2019), como:

- características do terreno, incluindo aspectos geotécnicos, presença de contaminações, riscos de alagamento etc.;
- geometria, altura, posição da edificação no terreno;

- exposição ao vento;
- influência de atmosferas agressivas (poluição ou maresia);
- pluviosidade alta, incidência de granizo, de geada ou de neve;
- outros aspectos climáticos;
- interferência de edificações vizinhas sobre as condições de insolação e de ventilação;
- proximidade de vias de tráfego intenso;
- fontes de ruídos no entorno.

Na sequência, Cambiaghi e Amá (2019) alertam que, para início da fase de **definição do produto**, é fundamental que estejam definidos e contratados todos os projetistas e consultores de cada uma das especialidades necessárias ao projeto.

Antes da aprovação do projeto, portanto, na definição do produto, além da confirmação ou modificação das características de concepção do projeto, já devem ser definidos os sistemas estruturais, bem como o pré-dimensionamentos de sistemas prediais hidrossanitários, elétricos e de climatização, os tipos de vedações e esquadrias, e conceituações básicas quanto a acústica, segurança e manutenção, enfim, as principais definições técnicas e tecnológicas são estabelecidas, restando fazer seu desenvolvimento nas fases seguintes.

Na fase de **identificação e solução de interfaces**, com o avanço do detalhamento das especialidades, a partir da negociação de soluções de interferências entre sistemas, o projeto resultante deve ter todas as suas interfaces resolvidas, possibilitando uma avaliação preliminar de custos, métodos construtivos e prazos de execução (CAMBIAGHI; AMÁ, 2019).

Na fase de **detalhamento**, as soluções de cada especialidade, já resolvidos eventuais conflitos detectados na fase anterior, chegam ao seu detalhamento final, contendo os detalhes necessários para a execução, conforme as características próprias do sistema construtivo. O resultado deve ser um conjunto de informações técnicas completas, claras e objetivas sobre todos os elementos, sistemas e componentes do empreendimento.

Em consonância com o exposto, a Norma de Desempenho (ABNT NBR 15575:2013) afirma que o projeto deve contemplar os detalhes construtivos necessários; portanto, em sua versão final disponibilizada para execução, as informações contidas no projeto devem reduzir os riscos de perda de desempenho pela incerteza relativa a definições quanto a detalhes específicos.

É fundamental, ainda, que os projetistas, de acordo com suas especialidades, identifiquem no projeto as normas técnicas atendidas, com seu respectivo código, como, por exemplo, a ABNT NBR 16970-1:2022 – ou, na falta delas, as normas técnicas estrangeiras* adotadas como referência, também com seu respectivo código.

Na fase de **pós-entrega do projeto**, os manuais de escopo recomendam que, no período de execução das obras, os projetistas atuem de modo a garantir a plena compreensão e utilização das informações de projeto, bem como sua aplicação correta nos serviços a serem executados; e, posteriormente à entrega da edificação aos usuários (pós-entrega da obra), avaliem o comportamento da edificação em uso, para verificar e reafirmar se os condicionantes e pressupostos de projeto foram adequados.

Nessa fase, a etapa de "assistência técnica" também é importante, visto que é nela em que os projetistas, a construtora ou a incorporadora podem ter os retornos de informação a respeito da qualidade do projeto e da execução, assim como de eventuais problemas relacionados com falhas no período de garantia dos sistemas.

A prática de avaliações pós-ocupação (avaliação durante o uso) mostra-se cada vez mais importante e necessária, para gerar subsídios aos projetos e aos planos de manutenção, constituindo-se em ferramenta fundamental para a evolução das normas técnicas e das práticas de projeto, com vistas ao desempenho. Uma avaliação pós-ocupação, quando feita com uma visão técnica, ou seja, quando conduzida por profissionais capacitados e com base em vistorias no local, análise da conformidade com os projetos e as normas técnicas, visando identificar falhas visíveis, sejam pontuais ou sistêmicas, é fundamental para retroalimentar projetos futuros.

A Figura 3.2 mostra o ciclo de vida básico do empreendimento, com destaque para as fases do processo de projeto e o fluxo de informações de retroalimentação.

De forma complementar à descrição do processo de projeto e sua inserção no ciclo de vida do empreendimento, o Quadro 3.1 apresenta os objetivos e escopos a serem desenvolvidos, segundo as fases do projeto, além da indicação dos agentes que devem participar do processo, em cada uma dessas fases.

---

* A adoção de normas estrangeiras somente é admissível em caso de lacunas existentes na normalização brasileira e não substitui a avaliação de desempenho de produtos e sistemas, a qual deve ser realizada segundo procedimentos regulamentares oficiais.

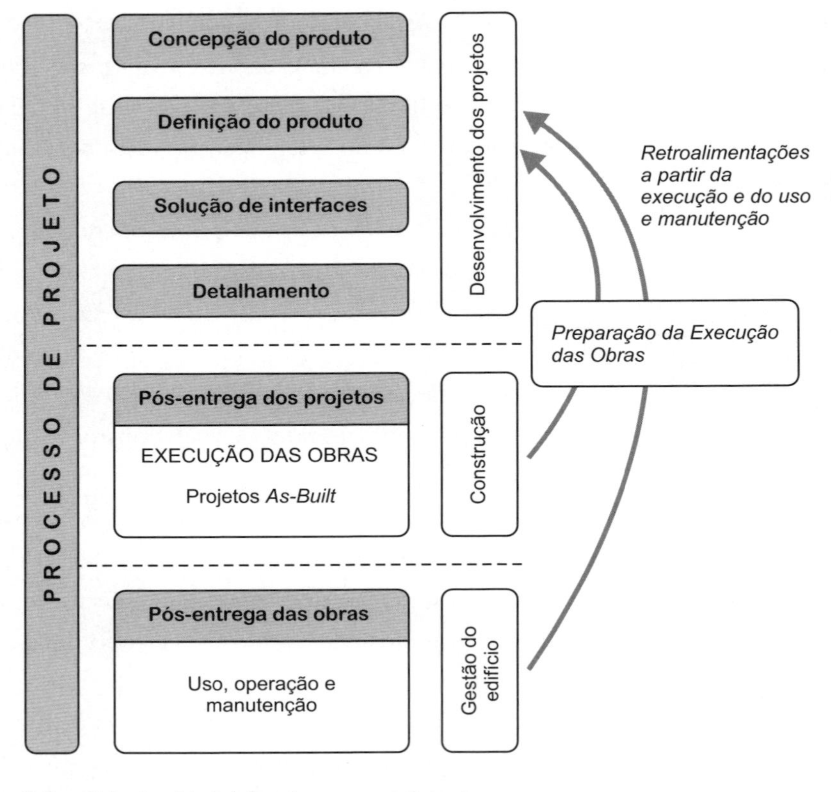

Figura 3.2 Ciclo de vida básico do empreendimento.

Quadro 3.1 Desenvolvimento das fases de projeto com foco no desempenho.

Fase do projeto	Produtos	Objetivos/escopos	Agentes participantes
▪ Concepção do produto (edificação)	▪ Levantamento de dados ▪ Programa de necessidades ▪ Estudo de viabilidade	▪ Definir os principais aspectos geométricos como áreas, quantidade de pavimentos, contornos de ocupação (massas) etc. ▪ Considerar interfaces com legislações e restrições técnicas e legais. ▪ Identificar os aspectos de concepção que podem afetar o desempenho. ▪ Estabelecer parâmetros com relação às exigências (qualitativas) de desempenho: estética, acústica, segurança, eficiência energética etc. ▪ Definir os escopos de projeto e as responsabilidades de cada agente.	▪ Empreendedor ▪ Projetista de Arquitetura ▪ Coordenação de projetos

(*continua*)

Quadro 3.1 Desenvolvimento das fases de projeto com foco no desempenho. (*Continuação*)

Fase do projeto	Produtos	Objetivos/escopos	Agentes participantes
▪ Definição do produto (edificação)	▪ Estudo preliminar ▪ Anteprojeto ▪ Projeto legal (ou para licenciamentos)	▪ Realizar a seleção tecnológica de caráter geral e formular as soluções técnicas e tecnológicas preliminares do projeto, segundo as exigências do programa de necessidades, normas técnicas e regulamentações vigentes (e, ainda, eventuais requisitos de certificação ambiental). ▪ Identificar e definir critérios para os requisitos de desempenho estabelecidos no programa de necessidades. ▪ Estabelecer as principais definições de tecnologias construtivas e pré-dimensionamentos de elementos e sistemas. ▪ Fazer uma pré-avaliação dos custos para execução do empreendimento, para execução, operação e manutenção. ▪ Estabelecer definições tecnológicas quanto ao processo de projeto, como o Plano de Execução BIM, que deve conter também os requisitos para *softwares* de simulação.	▪ Projetista de Arquitetura ▪ Projetista de Engenharia ▪ Demais projetistas ▪ Consultores ▪ Coordenação de projetos
▪ Solução de interfaces de projeto	▪ Projeto básico ou ▪ Projeto pré-executivo	▪ Detalhar as especificações dos elementos e componentes do edifício, segundo as exigências do programa de necessidades, normas técnicas e regulamentações vigentes (e, ainda, eventuais requisitos de certificação ambiental). ▪ Avaliar aspectos de manutenibilidade, considerando custos, equipamentos necessários, acessibilidade para inspeções etc. ▪ Identificar as interfaces entre subsistemas, elementos e componentes, realizando sua compatibilização preliminar. ▪ Realizar avaliação preliminar dos custos, métodos construtivos e prazos de execução.	▪ Projetista de Arquitetura ▪ Projetista de Engenharia ▪ Demais projetistas ▪ Consultores ▪ Coordenação de projetos

(*continua*)

Quadro 3.1 Desenvolvimento das fases de projeto com foco no desempenho. (*Continuação*)

Fase do projeto	Produtos	Objetivos/escopos	Agentes participantes
▪ Detalhamento de projetos	▪ Projetos executivos ▪ Projetos para produção	▪ Finalizar o detalhamento das especificações dos elementos e componentes do edifício após compatibilização final entre todas as soluções de projeto. ▪ Sintetizar as prescrições técnicas para componentes, elementos e sistemas, de forma a subsidiar a contratação de fornecedores. ▪ Verificar e documentar o atendimento, em projeto, aos critérios de desempenho. ▪ Definir métodos construtivos, avaliar custos e prazos de execução. ▪ Definir os detalhes construtivos necessários e as tolerâncias geométricas dos elementos. ▪ Detalhar projetos para produção dos principais sistemas, incluindo o projeto do canteiro de obras.	▪ Projetista de Arquitetura ▪ Projetista de Engenharia ▪ Demais projetistas ▪ Consultores ▪ Coordenação de projetos
▪ Pós-entrega do projeto	▪ Projetos *as-built*	▪ Realizar reuniões para preparação da execução de obras e consequentes ajustes nos projetos. ▪ Garantir a plena compreensão e utilização das informações de projeto, bem como sua aplicação correta na execução das obras. ▪ Documentar as informações de *as-built*.	▪ Projetista de Arquitetura ▪ Projetista de Engenharia ▪ Demais projetistas ▪ Construtor ▪ Coordenação de projetos
▪ Pós-ocupação da edificação	▪ Relatórios de avaliação pós-ocupação	▪ Avaliar o comportamento da edificação em uso, para verificar se as decisões e especificações de projeto apresentam o desempenho requerido e estão compatíveis com as necessidades dos usuários e com as necessidades de manutenção.	▪ Empreendedor ▪ Construtor ▪ Coordenação de projetos

Fonte: Adaptado de Oliveira (2009).

3.1.3 Modelagem e simulação virtual para o atendimento aos requisitos de desempenho

A digitalização dos processos, o uso de dados e medições, provenientes de sensores, e a adoção de ferramentas de simulação computacional tendem a contribuir e até facilitar a adoção do conceito de desempenho na fase de projeto. Assim, este item trata da relação entre os modelos de informação e os requisitos de desempenho, e do uso das simulações computacionais para avaliação do desempenho do edifício e/ou de suas partes.

3.1.3.1 Verificação de requisitos em modelos

O ciclo do processo de projeto deve incluir um fluxo de informação que permita a verificação do desempenho potencial e da durabilidade, ou seja, do desempenho ao longo do tempo, das soluções técnicas adotadas. Embora a influência do projeto sobre o desempenho seja clara e inegável, nem sempre o desempenho do que se projeta pode ser facilmente avaliado durante a fase de projeto.

Com os avanços das ferramentas de projeto e a introdução de *softwares* cada vez mais avançados para modelagem da informação da construção (BIM) e para simulação do comportamento da edificação, parece ser natural o uso de recursos de modelagem e simulação virtual para a avaliação de desempenho, de modo a comprovar o atendimento aos requisitos normativos ainda na fase de projeto.

Em modelos criados em *softwares* de BIM, os objetos modelados podem incorporar informações de desempenho, permitindo que as especificações de componentes e elementos construtivos sejam associadas aos arquivos gerados pelos projetistas. Nesse sentido, são fundamentais: a definição prévia do processo de projeto, uma vez que os escopos de projeto devem estar estabelecidos em contrato; e a atuação da coordenação de projetos com foco no desempenho, pelo atendimento às normas técnicas e regulamentações vigentes.

Desses requisitos que devem estar atendidos em projeto, uma parte considerável pode ser verificada com procedimentos automatizados com uso de *softwares* BIM, desde que previamente configurados para tal tipo de verificação.

Alguns autores verificaram que aproximadamente 30 % dos itens da Norma de Desempenho são verificáveis com recursos de *softwares* BIM. A Figura 3.3 mostra parte dessas análises.[9]

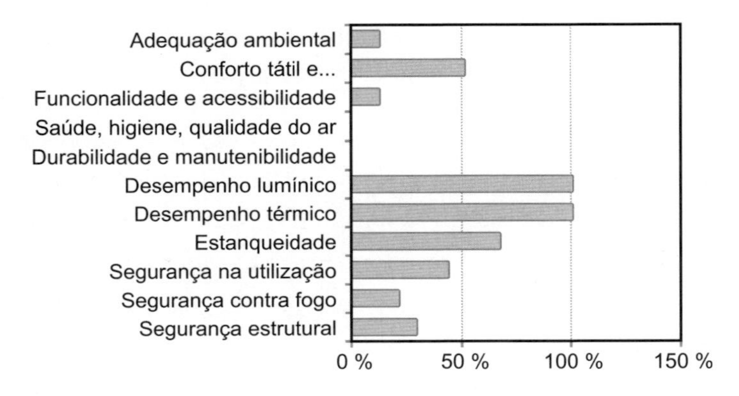

Figura 3.3 Distribuição do potencial de implementação da verificação com *softwares* BIM, por item da norma.

Nicolai *et al.* (2020)[8] discorrem sobre a utilização de ferramentas de verificação de dados no modelo, capazes de verificar a conformidade dos seus elementos diante de regras preestabelecidas, de modo a se assegurar do atendimento à Norma de Desempenho em determinado projeto. Segundo os autores, uma análise detalhada das seis partes da ABNT NBR 15575 identifica os projetistas como os principais agentes para o atendimento dos requisitos de desempenho, aparecendo em 163 dos 165 critérios da norma (Quadro 3.2).

Quadro 3.2 Quantificação de critérios da ABNT NBR 15575 e os respectivos agentes responsáveis pelo seu atendimento.

Grupo de requisitos	Total	Incorporador		Construtor		Fornecedor		Projetista		Usuário	
Desempenho estrutural	32	3	9 %	27	84 %	24	75 %	32	100 %	0	0 %
Segurança contra incêndio	29	7	24 %	14	48 %	24	83 %	29	100 %	0	0 %
Segurança no uso e na operação	20	11	55 %	10	50 %	15	75 %	20	100 %	3	15 %
Estanqueidade	17	6	35 %	13	76 %	14	82 %	16	94 %	3	18 %
Desempenho térmico	6	3	50 %	2	33 %	5	83 %	6	100 %	0	0 %

(*continua*)

Quadro 3.2 Quantificação de critérios da ABNT NBR 15575 e os respectivos agentes responsáveis pelo seu atendimento. (*Continuação*)

Grupo de requisitos	Total	Incorporador		Construtor		Fornecedor		Projetista		Usuário	
Desempenho acústico	10	9	90 %	5	50 %	9	90 %	10	100 %	0	0 %
Desemprenho luminístico	3	2	67 %	0	0 %	1	33 %	3	100 %	0	0 %
Durabilidade e manutenibilidade	19	13	68 %	12	63 %	16	84 %	19	100 %	11	58 %
Saúde, higiene e qualidade do ar	10	3	30 %	2	20 %	6	60 %	10	100 %	0	0 %
Funcionalidade e acessibilidade	11	6	55 %	2	18 %	1	9 %	11	100 %	0	0 %
Conforto tátil e antropodinâmico	4	0	0 %	3	75 %	3	75 %	3	75 %	0	0 %
Adequação ambiental	4	1	25 %	1	25 %	3	75 %	4	100 %	0	0 %

Fonte: Nicolai *et al.* (2020).

3.1.3.2 Simulação de desempenho

As diversas evoluções tecnológicas ocorridas no processo de projeto possibilitaram a integração de novas ferramentas de simulação para efetuar análises de conforto, de indicadores ambientais e eficiência energética, associadas às fases iniciais do projeto, permitindo aos projetistas uma melhor tomada de decisão desde a concepção até o detalhamento das soluções de projeto adotadas.

Não é objetivo deste livro fazer referência a *softwares* utilizados nas simulações virtuais de desempenho, até porque sua disponibilidade e seu custo, interoperabilidade com os programas utilizados na modelagem, facilidade de uso, e demais vantagens que levem à sua escolha são função do contexto em que os projetos se desenvolvem, além de serem mutáveis com o tempo.

Portanto, o tema será tratado de forma genérica, principalmente, com vistas à inserção da simulação virtual de desempenho no contexto do processo de projeto e de sua gestão.

O próprio texto das seis partes da ABNT NBR 15575 aponta vários requisitos de desempenho que devem ser avaliados por simulação, independentemente dos métodos adotados pelos projetistas para concepção, cálculo, dimensionamento e verificação do comportamento dos elementos e sistemas da edificação.

O Quadro 3.3 exemplifica algumas aplicações de procedimentos de simulação indicados no próprio texto da ABNT NBR 15575. Percebe-se, ao analisar o quadro, que as simulações devem auxiliar decisivamente na concepção das edificações quanto ao seu desempenho, direcionando o projeto nas configurações de implantação das construções no terreno, no desenho e na orientação das aberturas e demais elementos de fachada, no leiaute interno e nas especificações de revestimentos, entre outros itens.

Quadro 3.3 Uso de simulação para atendimento aos requisitos da ABNT NBR 15575 (exemplo para algumas aplicações).

Parte da norma	Item da norma	Exigência da norma
ABNT NBR 15575-1 - Edificações habitacionais - Desempenho - Parte 1: Requisitos gerais	11 Desempenho térmico	A avaliação do desempenho térmico deve ser realizada para os ambientes de permanência prolongada da Unidade Habitacional. O procedimento simplificado pode ser utilizado para a obtenção do nível mínimo; para o atendimento ao nível intermediário e superior deve ser utilizado o procedimento de simulação computacional.
	13 Desempenho lumínico	A norma estabelece os níveis mínimos de iluminância natural e os parâmetros a serem utilizados na sua verificação, quando da simulação da iluminância obtida com as aberturas projetadas e levando-se em conta a interferência de edificações vizinhas.
ABNT NBR 15575-4 - Edificações habitacionais - Desempenho - Parte 4: Requisitos para os sistemas de vedações verticais internas e externas (SVVIE)	8 Segurança contra incêndio	Remete, no requisito de resistência ao fogo, à NBR 14432:2001 - Exigências de resistência ao fogo de elementos construtivos de edificações - Procedimento. Os tempos requeridos de resistência ao fogo (TRRF) devem ser usados para verificar o comportamento global da estrutura, em simulações da situação de incêndio, principalmente quanto à estabilidade global da edificação.

Fonte: ABNT (2013, 2021).[10]

Deve integrar o projeto um relatório específico e completo descrevendo os métodos e critérios usados para realizar a simulação, incluindo o *software* utilizado na simulação e os parâmetros adotados.

Pelo exposto, as simulações precisam estar integradas às fases iniciais do processo de projeto, de modo a auxiliar a tomada de decisão, para, ao final do seu desenvolvimento, serem aplicadas para confirmação do atendimento aos níveis de desempenho requeridos.

3.2 Especificação de soluções tecnológicas e de produtos e a inovação tecnológica no processo de projeto

A norma de desempenho é um "conjunto de requisitos e critérios estabelecidos para uma edificação habitacional e seus sistemas, com bases em requisitos do usuário, independentemente da sua forma ou dos materiais constituintes" (CBIC, 2013).[11] Portanto, quando são adotadas soluções tecnológicas convencionais ou inovadoras, elas devem ser avaliadas para se assegurar, desde a fase de projeto, que tais requisitos e critérios serão atendidos. A avaliação do desempenho de sistemas. Resultando em: avaliação do desempenho de componentes e sistemas construtivos inovadores deve ser realizada antes de sua especificação no projeto. Para tal avaliação, particularmente no caso de edificações habitacionais, existe o Sistema Nacional de Avaliação Técnica de Produtos Inovadores e Sistemas Convencionais (SiNAT – Convencionais), integrado às ações do Programa Brasileiro da Qualidade e Produtividade do Habitat (PBQP-H).

Com o objetivo de estimular o processo de inovação tecnológica no Brasil, aumentando o leque de alternativas tecnológicas para a produção de obras de edificações, reduzindo riscos nos processos de tomada de decisão quanto à seleção tecnológica, o SiNAT tem por diretriz a avaliação técnica de produtos ou processos com base no conceito de desempenho, considerando-se situações específicas de uso, ou seja, tem como base a avaliação de desempenho, de modo a avaliar o comportamento provável ou potencial de produtos ou processos.

Como resultado das ações de avaliação reguladas pelo SiNAT, são produzidos dois tipos de documentos (BRASIL, 2020):[12]

1. **Documento de Avaliação Técnica (DATec):** documento técnico que contém os resultados da avaliação técnica, em conformidade com uma Diretriz SiNAT; as condições e limitações de uso; as condições de execução, operação ou instalação; e as condições de uso e manutenção do **produto inovador**.

2. **Ficha de Avaliação de Desempenho (FAD):** documento de referência técnica, que contém os resultados da avaliação técnica de desempenho do sistema frente aos requisitos aplicáveis da ABNT NBR 15575, as características técnicas dos materiais e componentes empregados, e as condições de execução/operação ou instalação, as condições de uso e manutenção do **sistema convencional**.

Os produtos inovadores, para serem especificados em projeto, devem ter sido objeto de um DATec, uma vez que não existe norma técnica brasileira para o produto ou a normalização existente não é suficiente para a análise de desempenho do produto. Os DATecs têm prazo de validade de dois anos, na primeira concessão, podendo ser renovados; devem ser, portanto, verificadas sua validade e sua vigência.

No caso dos sistemas convencionais, seus componentes têm norma técnica brasileira prescritiva e podem ser alvo de programas setoriais da qualidade no âmbito do Sistema de Qualificação de Materiais, Componentes e Sistemas Construtivos (SiMaC) do PBQP-H, ou de programas de certificação de conformidade. As FADs contêm informações que abrangem as características do sistema e de seus componentes e materiais constituintes, os parâmetros de desempenho aplicáveis ao sistema convencional em análise, baseados em resultados de ensaios, análises e simulações, aspectos relevantes de projeto e de execução ou instalação, além de incluir aspectos de operação e de manutenção do sistema.

3.3 Processo de projeto em reabilitação, restauro, reforma ou *retrofit* de edificações

Em empreendimentos que envolvem reabilitação, restauro, reforma ou *retrofit*, não se projeta a partir de um terreno vazio; o "terreno" sobre o qual se projeta é, na realidade, uma construção já existente. Por isso, segundo Croitor (2008), ao contrário de obras de edificações novas, a maior complexidade leva esses empreendimentos a demandarem uma relação quase simbiótica entre as equipes de projetos e obras, pois a interdependência entre elas será grande. A obtenção do desempenho, portanto, nesse caso, envolverá etapas, atividades e responsabilidades adicionais.

Deve-se ter em mente que as edificações foram construídas em outra época, obedecendo à legislação e às normas vigentes no período da elaboração do projeto e da execução das obras, e dentro de um contexto de necessidades técnicas e tecnológicas também próprias do período.

Ao tempo transcorrido, além da evolução dos requisitos e critérios de desempenho, também se somarão os efeitos da deterioração do imóvel, mudanças de uso, eventuais alterações já realizadas e efeitos diversos originados por mudanças no entorno ao longo da sua existência.

Além disso, o grau de complexidade é acentuado nos empreendimentos em que é necessária a mudança ou readequação de uso. Em muitos projetos que envolvem edificações degradadas localizadas no centro das capitais brasileiras, por exemplo, trata-se de edifícios antigos que serão reprojetados para criação de unidades habitacionais de interesse social, demandando a alteração completa do pavimento-tipo e, portanto, provocando uma completa descaracterização interna do imóvel. A intervenção causará impacto em praticamente todas as disciplinas de projeto, desde a análise estrutural, em razão das cargas atuantes na estrutura, devido aos novos usos e às novas divisões internas, até os sistemas prediais, que são totalmente modificados (CROITOR, 2008).

Nesses casos, previamente ao desenvolvimento dos projetos, por todos os aspectos mencionados, deve-se desenvolver uma etapa de diagnóstico, a qual se destina a:

- estudar a história do imóvel, incluindo análises de projetos da época da construção e de intervenções posteriormente realizadas, bem como informações a respeito de materiais e componentes utilizados;
- avaliar se o imóvel é, ou não, considerado patrimônio histórico, e quais as possibilidades com relação a eventuais modificações arquitetônicas;
- analisar o estado de conservação do imóvel, assim como sua adequação às normas e legislações atuais, especialmente as de desempenho, segurança e salubridade;
- avaliar o estado da estrutura e a necessidade de recuperação;
- avaliar a viabilidade técnico-econômica do projeto, levando-se em conta os custos de execução, bem como a possível valorização do imóvel após a intervenção projetada.

Para o caso de reabilitação, restauro, reforma ou *retrofit*, os níveis de desempenho somente devem ser definidos após a conclusão dessa **etapa de diagnóstico**, na qual se terá concluído o estudo sobre o estado da edificação existente. As soluções tecnológicas a serem adotadas dependerão do desempenho potencial que pode ser obtido e dos investimentos necessários para tal, condicionando, portanto, as demais etapas de desenvolvimento do projeto.

As intervenções a serem realizadas devem partir do conhecimento bastante aprofundado das condições e do desempenho atual das edificações existentes, de forma a subsidiar as decisões de projeto, quanto ao desempenho esperado para a configuração final. O Quadro 3.4 detalha os objetivos e escopo da etapa de diagnóstico, indispensável para o caso de projetos de reabilitação, restauro, reforma ou *retrofit* de edificações.

Quadro 3.4 Fase de diagnóstico - reabilitação, restauro, reforma ou *retrofit*.

Fase do projeto	Produtos	Objetivos/escopo	Agentes participantes
▪ Diagnóstico	▪ Dossiê histórico ▪ Documentação das edificações existentes ▪ Avaliação do estado de conservação ▪ Seleção tecnológica para renovação	▪ Estudar a história do imóvel, incluindo análises de projetos da época da construção e de outras intervenções realizadas, bem como informações a respeito de materiais e componentes utilizados. ▪ Coletar ou elaborar plantas, cortes, vistas, ou modelos virtuais, que caracterizem detalhadamente as edificações existentes. ▪ Avaliar as condições atuais de desempenho dos edifícios e de seus componentes, subsidiando a definição do produto quanto aos aspectos técnicos e econômicos do projeto. ▪ Consolidar e analisar os aspectos históricos, culturais, arquitetônicos e técnicos, além de regulamentações incidentes sobre o caso, que possam afetar a possibilidade de alterar o invólucro do edifício, suas configurações internas e materiais de acabamento. ▪ Selecionar as tecnologias a serem adotadas, com base nos dados referentes às condições atuais de desempenho e nos requisitos estabelecidos pelo empreendedor, associados a critérios técnicos, de custos e de riscos envolvidos.	▪ Projetista de Arquitetura ▪ Projetistas de Engenharia ▪ Projetistas de Estrutura ▪ Demais projetistas ▪ Consultores ▪ Coordenação de projetos

Fonte: Adaptado de Oliveira (2009).

As demais fases do projeto desenrolar-se-ão de modo semelhante ao exposto no item 3.1.2, destacando-se a importância ampliada da etapa de preparação da execução de obras e do acompanhamento técnico dos projetistas durante a fase de construção, com demanda elevada de soluções técnicas e ajustes nos projetos, durante esse período.

Considerações finais

Os principais conceitos que envolvem a interface entre desempenho e projeto de edificações foram expostos neste capítulo, de modo a exibir claramente a importância de se iniciar a avaliação do atendimento à exigências de desempenho, estabelecidas na ABNT NBR 15575, em programas de necessidades, certificações ou em outro documento regulatório, já na fase de projeto dos empreendimentos, pela adoção de produtos e sistemas cujo desempenho está previamente avaliado, sejam eles convencionais ou inovadores, ou pela modelagem e simulação virtual do desempenho das soluções de projeto.

Pela sua importância no contexto da busca do desempenho e da durabilidade das construções, o processo de projeto deve ser corretamente definido quanto às suas fases, às responsabilidades dos agentes e aos métodos de gestão adotados. Um processo de projeto bem conduzido trará como resultado a possibilidade de associar soluções econômica e tecnologicamente viáveis, com pleno atendimento às normas vigentes e ao conceito de desempenho.

Exercícios propostos

Os exercícios apresentados a seguir destinam-se a fixar e a aprofundar os conhecimentos apresentados neste capítulo, sendo igualmente recomendada sua resolução individual ou em grupos.

Exercício 3.1

Para as afirmações enunciadas a seguir, qualifique cada uma delas como **V (verdadeira) ou F (falsa)**, justificando sua escolha em poucas linhas, com base no texto do capítulo.

( ) A integração entre todas as disciplinas de projeto, bem como a integração do projeto às decisões tomadas no contexto da execução das obras e dos procedimentos de manutenção a serem previstos, embora desejável, não afeta o desempenho das edificações, uma vez que este é definido pelas normas técnicas brasileiras.

( ) Verificação, análise crítica e validação das soluções de projeto são atividades essenciais para a qualidade dos projetos, permitindo mais controle sobre seus resultados, favorecendo potencialmente, portanto, o desempenho das edificações projetadas.

( ) Com os avanços das ferramentas de projeto e a introdução de *softwares* cada vez mais avançados para modelagem da informação da construção (BIM) e para simulação do comportamento da edificação, o uso de recursos de modelagem e simulação virtual tornam automática a avaliação de desempenho da edificação na fase de projeto.

( ) Os manuais de escopo recomendam que, no período de execução das obras, os projetistas atuem de forma a garantir a plena compreensão e utilização das informações de projeto, bem como sua aplicação correta nos serviços a serem executados; e, posteriormente à entrega da edificação aos usuários (pós-entrega da obra), avaliem o comportamento da edificação em uso.

Exercício 3.2

Faça uma pesquisa na internet sobre o Sistema Nacional de Avaliação Técnica de Produtos Inovadores e Sistemas Convencionais (SiNAT). Avalie como as ações de avaliação reguladas pelo SiNAT impactam o processo de projeto de uma edificação em que está sendo proposta a utilização da **impressão 3D de concreto estrutural.**

Exercício 3.3

Acesse páginas da internet que tratam da aplicação de *softwares* na simulação do desempenho das edificações e de suas partes. Cite pelo menos um exemplo de como um *software* de simulação pode auxiliar na avaliação do atendimento à ABNT NBR 15575:2013, explicando quais requisitos seriam verificados e em qual etapa do projeto esse *software* seria utilizado.

Exercício 3.4

Para o caso de reabilitação, restauro, reforma ou *retrofit*, qual é a importância da etapa de diagnóstico e do estudo sobre o estado da edificação existente para a definição dos níveis de desempenho a serem adotados para a edificação? Explique e dê exemplos ilustrativos de seus argumentos.

Referências bibliográficas

[1] MELHADO, S. B. *Qualidade do projeto na construção de edifícios: aplicação ao caso das empresas de incorporação e construção*. Tese (Doutorado) – Escola Politécnica da Universidade de São Paulo (EPUSP). São Paulo, 1994, 294 p.

[2] MELHADO, S. B. *Gestão, cooperação e integração para um novo modelo voltado à qualidade do processo de projeto na construção de edifícios*. Tese (Livre-docência) – Escola Politécnica da Universidade de São Paulo (EPUSP). São Paulo, 2001. 235 p.

[3] OLIVEIRA, L. A.; MAIZIA, M.; MELHADO, S. B. Influence of the performance and buildability requirements on the building quality: comparison between the Brazilian and the French renovation design process. In: DESIGN MANAGEMENT IN THE ARCHITECTURAL ENGINEERING AND CONSTRUCTION SECTOR UNIVERSITY OF SÃO PAULO. CIB W96: São Paulo, 2008. *Proceedings* [...]. 4-8 nov. 2008.

[4] DE PAULA, N.; ARDITI, D.; MELHADO, S. B. Managing sustainability efforts in building design, construction, and facility management firms. *Engineering, Construction and Architectural Management*, v. 24, n. 6, 2017. p. 1040-1050.

[5] OLIVEIRA, L. A. *Metodologia para desenvolvimento de projeto de fachadas leves*. Tese (Doutorado) – Escola Politécnica da Universidade de São Paulo (EPUSP). São Paulo, 2009. 267 p.

[6] ASSOCIAÇÃO BRASILEIRA DOS GESTORES E. COORDENADORES DE PROJETOS (AGESC). *Manual de escopo de projetos e serviços para coordenação de projetos*. 3. ed. São Paulo, jan. 2019. Disponível em: http://www.manuaisdeescopo.com.br/manual/coordenacao/. Acesso em: 24 ago. 2021.

[7] CAMBIAGHI, H.; AMÁ, R. *Manual de escopo de projetos e serviços de Arquitetura e Urbanismo*. 3. ed. São Paulo, jan. 2019. Disponível em: http://www.manuaisdeescopo.com.br/manual/arquitetura-e-urbanismo/. Acesso em: 24 ago. 2021.

[8] NICOLAI, P.; CARDOSO, A.; KASE, B. *et al.* O gerenciamento de requisitos de desempenho no processo de projeto. In: PTBIM – 3º Congresso Português de Building Information Modelling. n. 3. *Anais* [...]. Porto: PTBIM, 2020. p. 821-830.

[9] SILVA JUNIOR, M. A.; MITIDIERI FILHO, C. V. Verificação de critérios de desempenho em projetos de Arquitetura com a modelagem BIM. PARC – *Pesq. em Arquit. e Constr.*, Campinas/SP, v. 9, n. 4, p. 334-343, dez. 2018, ISSN 1980-6809. Disponível em: http://dx.doi.org/10.20396/parc.v9i4.8650453. Acesso em: 22 jun. 2022.

[10] ASSOCIAÇÃO BRASILEIRA DE NORMAS TÉCNICAS (ABNT). *ABNT NBR 15575-1* – Edificações habitacionais – Desempenho – Partes 1 a 6. Rio de Janeiro, 2013; ASSOCIAÇÃO BRASILEIRA DE NORMAS TÉCNICAS (ABNT). ABNT NBR 15575-1 – Emenda 1 – Edificações Habitacionais – Desempenho térmico – Partes 1, 3, 4 e 5. Rio de Janeiro, 2021.

[11] CÂMARA BRASILEIRA DA INDÚSTRIA DA CONSTRUÇÃO (CBIC). *Desempenho de edificações habitacionais*: guia orientativo para o atendimento à norma ABNT 15575:2013. Fortaleza, 2013.

[12] BRASIL. Sistema Nacional de Avaliações Técnicas de Produtos Inovadores e Sistemas Convencionais (SiNAT). *Regimento Geral do Sistema Nacional de Avaliações Técnicas de Produtos Inovadores e Sistemas Convencionais*. Brasília/DF: 2020. Disponível em: https://www.gov.br/mdr/pt-br/assuntos/habitacao/pbqp-h/NOVORegimentoSiNAT.pdf. Acesso em: 22 jun. 2022.

[13] CROITOR, E. P. N. *A gestão de projetos aplicada à reabilitação de edifícios*: estudo da interface entre projeto e obra. Dissertação (Mestrado) – Escola Politécnica da Universidade de São Paulo (EPUSP). São Paulo, 2008. 176 p.

4

Interface entre Qualidade da Execução de Obras e Desempenho

Este capítulo trata fundamentalmente da qualidade da execução da obra, incluindo o emprego de materiais em conformidade com as normas técnicas, pois, caso ocorram falhas na aquisição dos produtos e durante a execução da obra, poderá haver prejuízos ao desempenho esperado ou projetado para a edificação.

Falhas com origem no projeto normalmente são sistemáticas e de mais difícil solução na fase de obra; portanto, é fundamental em um sistema de gestão da qualidade de uma empresa construtora a previsão de análise e do recebimento do projeto, antes da fase de planejamento executivo da obra e propriamente de sua execução, de modo a evitar esse tipo de falha.

Não sendo identificadas falhas advindas do projeto, deve haver a preocupação na etapa de execução com:

- a aquisição de produtos em conformidade com as normas técnicas, preferencialmente qualificados ou certificados previamente;
- a conformidade aos projetos, observando-se as especificações técnicas e os detalhes adequados;
- a qualidade dos serviços, considerando um processo adequado de controle da qualidade, que identifique falhas e promova as correções necessárias durante a realização do serviço e não apenas a verificação final;
- a verificação dos serviços e a aceitação ou rejeição de serviços concluídos, com critérios adequados.

A preocupação com a verificação do desempenho está presente no Sistema de Avaliação de Conformidade (SiAC) de empresas construtoras ou executoras de serviços e obras, no PBQP-H, sendo prevista em seu regimento atual a demonstração por parte da empresa de evidências do atendimento da ABNT NBR 15575[1] no processo de certificação.[2]

As definições iniciais que orientaram as relações entre fornecedores e clientes ou consumidores, desde a era Deming até o início dos anos 1980 com a série de normas ISO 9000, referiam-se à qualidade como o atendimento das necessidades do consumidor, ou até, se possível, suplantá-las. Mais recentemente, essas necessidades podem ser traduzidas nas exigências dos usuários e tais exigências em requisitos e critérios de desempenho da edificação. Em outras palavras, foram associados parâmetros ou regras de qualidade àquilo que era um desejo do consumidor, considerado hoje como o usuário da edificação.

É bem verdade que os Sistemas de Gestão da Qualidade (SGQ) das empresas que executam as obras ou fornecem os serviços apresentam duas faces: do ponto de vista da empresa, a prioridade é reduzir as falhas, padronizar e melhorar continuamente os processos, e reduzir os custos, entregando um produto com a qualidade prevista desde a fase de projeto; e do ponto de vista do usuário ou do cliente, o importante é receber um produto que satisfaça suas necessidades, traduzidas pelo desempenho projetado ou esperado para a edificação. Observa-se, portanto, que as falhas não interessam a nenhum dos lados da moeda, tornando os SGQs muito relevantes para a obtenção do desempenho das edificações.

Atualmente, o SGQ nas empresas tende a não ser um simples sistema isolado, e pode estar inserido em um Sistema de Gestão Integrada, que integra fatores relativos à saúde e segurança do trabalhador (GSST), à responsabilidade social (GRS), à produtividade (GP), à inovação (GI), a questões ambientais (GA), dentre outras, como ilustra a Figura 4.1.

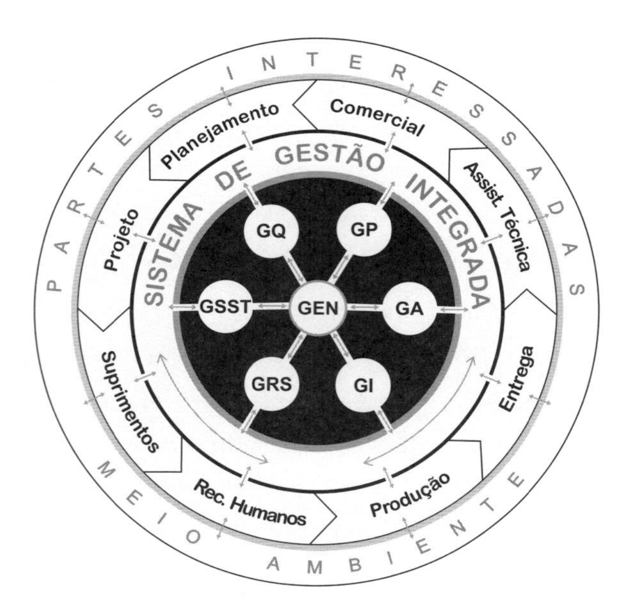

Figura 4.1 Ilustração do Sistema de Gestão Integrada (GUERRA; MITIDIERI FILHO, 2015).[3]

4.1 Qualidade dos materiais (suprimentos)

As falhas ou as não conformidades que podem prejudicar o desempenho podem ser provenientes do projeto, da produção e da aquisição dos materiais e da execução propriamente dita, além do uso, ou da operação ou da manutenção inadequada da edificação.

As não conformidades atribuídas ao projeto não necessariamente restringem-se às falhas intrínsecas, mas também podem estar relacionadas com omissões ou lacunas, como falta de detalhamento e de especificações técnicas em cumprimento às normas técnicas brasileiras. A ausência de um projeto para produção também pode trazer transtornos e gerar não conformidades na fase de execução, pela ausência de detalhes executivos importantes para determinado sistema ou processo de construção.

Em se tratando dos materiais de construção, de forma geral, é importante que já na fase de projeto sejam feitas as especificações técnicas, considerando não somente questões de ordem estética ou dimensional, mas também as características intrínsecas dos materiais que interferem no desempenho dos elementos construtivos.

Tais características estão nas normas técnicas brasileiras de produtos, que já têm tido a preocupação de alinhar o requisito ao uso do produto, ou seja, já incorporam conceitos de desempenho.

Exemplifica-se o caso das portas de madeira para edificações. Não basta a especificação da largura da folha, como 80 ou 82 cm, nem somente a especificação do acabamento (verniz ou pintura), nem somente o tipo de lâmina que reveste a folha de porta. Muito menos não se deve especificar a porta somente pelo seu "método construtivo" (porta tipo colmeia, núcleo maciço etc.), pois seu desempenho também depende de outros fatores. Ao analisar a ABNT NBR 15930-2:2018[4] – desempenho de portas de madeira para edificações –, observa-se que há prescrições, porém também se observa que as especificações são definidas por perfil de desempenho, considerando as condições de uso, em razão do ambiente onde serão instaladas e do tráfego/intensidade do uso, caracterizado pelas manobras de abertura e fechamento. Assim, as portas de madeira são classificadas em porta interna de madeira (PIM), porta de entrada de madeira (PEM) e porta externa de madeira (PXM). Quando as portas são resistentes à umidade, para emprego em banheiros, por exemplo, ou em *halls* de entrada sujeitos à ação da umidade, deve atender a requisitos adicionais e serem classificadas como RU. Assim, uma porta interna destinada a um dormitório pode ser definida como uma PIM; se for destinada a um banheiro, como uma PIM-RU. Se uma porta de entrada, além de resistente à umidade, for isolante acústica, pode ser classificada como PEM-RU e

PIA. Se for destinada a um ambiente de uso coletivo, estará sujeita a um uso mais intenso que o privativo, por exemplo, devendo ser submetida a maior número de ciclos de abertura e fechamento.

Este exemplo é importante para dizer que o projetista deve especificar o produto de acordo com suas características e seu uso, conforme as normas técnicas brasileiras. O construtor ou o responsável pela aquisição do produto ou do material deve também balizar-se pelas especificações de projeto e pelas características de acordo com as normas técnicas. Caso contrário, pode se estar assumindo a responsabilidade por um produto em não conformidade com as normas técnicas ou com uma destinação indevida para o produto na obra.

Para os produtos industrializados, produzidos em fábrica em larga escala, como blocos para alvenaria, cimento, janelas, portas etc., é muito difícil e custoso implantar um controle de recebimento que consiga verificar efetivamente a qualidade intrínseca do material. Na obra, consegue-se apenas verificar de forma expedita algumas características visuais e dimensionais, mesmo assim em condições diferentes das condições previstas para avaliar ou ensaiar o produto. Dessa forma, é importante especificar e adquirir produtos certificados ou pré-qualificados, em processos de certificação de conformidade ou em programas da qualidade, pois é difícil diferenciar produtos, a menos que tenham sua conformidade avaliada e demonstrada continuadamente (Figura 4.2).

Figura 4.2 Como diferenciar a porta da direita em relação à porta da esquerda? É importante verificar os certificados ou qualificações prévias associadas ao produto da direita.

Caso o material não possua certificação de conformidade ou qualificação prévia, o controle de recebimento pode ser feito por lote, quando chega na obra.

O controle do recebimento de materiais poderá prever diferentes mecanismos e diferentes níveis de rigor, a depender do tipo, da quantidade de material e de certificações ou qualificações prévias. Como mecanismo de controle, tem-se a inspeção visual, a verificação das principais dimensões e, no caso de controle por lotes, a execução de ensaios etc. Para produtos industrializados é muito difícil e custoso, pois as verificações por ensaios demandam tempo e custo, inviabilizando sua realização na obra.

Todavia, em algumas situações, é viável até a implantação de um pequeno laboratório de controle no próprio canteiro de obras, como é o caso do controle da resistência à compressão do concreto em sistemas construtivos de paredes de concreto armado moldadas no local, pois há necessidade da realização de ensaios no concreto ainda jovem, com idade aproximada de 14 a 16 horas.

O caso mais clássico e bem conhecido é o controle do concreto estrutural para estruturas convencionais que, no seu recebimento, deve passar por amostragem ou pelo controle de 100 % dos caminhões betoneira que chegam na obra. Todavia, também é importante ressaltar que suas características devem estar definidas no projeto, pois o desempenho da estrutura, do ponto de vista do Estado Limite Último ou do Estado Limite de Utilização, e sua durabilidade, ou seja, seu desempenho ao longo do tempo, estão vinculados a tais características e a outras de concepção e execução.

É sempre importante construir uma sistemática de homologação de fornecedores, com cadastro de empresas e produtos, histórico de fornecimento, processos de certificação e qualificação, histórico de eventuais não conformidades etc., para evitar não conformidade e eventual repetição de falhas de uma obra para outra.

As características tecnológicas dos materiais só podem ser constatadas mediante a realização de ensaios, mas inspeções visuais e medições simples, mesmo que expeditas no recebimento do produto em obra, são importantes para evitar falhas no momento da sua aplicação. O Quadro 4.1 apresenta exemplo de recebimento e controle expedito.

Na sistemática de homologação de fornecedores, é muito importante olhar para os programas da qualidade de produto e para programas de certificação de conformidade, de modo a escolher sempre produtos com a qualidade verificada por terceiros. A título de exemplo, no PBQP-H podem ser encontrados os Programas Setoriais da Qualidade, vinculados ao Sistema de Qualificação de Empresas de Materiais,

Quadro 4.1 Exemplo de Ficha de Verificação de Materiais adotada por empresa construtora (controle expedito no recebimento em obra).

EMPRESA	SGQ FVM - Ficha de Verificação de Materiais	Material: BLOCO CERÂMICO COM VAZADOS VERTICAIS (VED 30)	SEM FUNÇÃO ESTRUTURAL
Fornecedor/fabricante:	Obra:		FVM Nº
Indicação de conformidade (Programa Setorial da Qualidade ou Programa de Certificação de Conformidade)	Data: Nº NF: Quant.:	Data: Nº NF: Quant.:	Data: Nº NF: Quant.:
(1) Diferença de quantidade			
(2) Aspecto geral			
(3) Dimensões principais	C = L = H =	C = L = H =	C = L = H =
(4) Espessura da parede (anotar no verso as espessuras medidas)			
(5) Planeza e esquadro (anotar no verso as medidas)			
Aprovação	( ) SIM ( ) NÃO	( ) SIM ( ) NÃO	( ) SIM ( ) NÃO
Responsável pelo recebimento			
Disposição:			

Tamanho do lote	Tamanho da amostra	Inspeção	Equipamento	Critério de aceitação/tolerância
Cada entrega (1 caminhão), considerando como lote a medida inteira com maior quantidade. Caso não haja medidas inteiras na carga, considerar o item com maior quantidade.	Toda a carga	(1) Conferir a quantidade de blocos entregue.	-	Aceitar o lote; as diferenças de quantidade devem ser informadas ao fornecedor para reposição ou desconto no pagamento.
		(2) Verificar a uniformidade de cor, presença de trincas, quebras, empenamento e furos.	-	Segregar peças defeituosas.
	10 blocos	(3) Medir o comprimento, largura e altura dos blocos.	trena metálica	Aceitar ± 3 mm para comprimento, largura e altura das dimensões do pedido. Rejeitar o lote caso contrário.
		(4) Medir a espessura da parede dos blocos.	trena metálica	≥ 7 mm para paredes externas, ≥ 6 mm para as internas Critério de aceitação conforme quadro abaixo.*
		(5) Medir a planeza e esquadro dos blocos.	régua metálica e esquadro	Desvio máximo de 3 mm. Critério de aceitação.*
		* Resultado: - até 2 peças defeituosas: aceitar o lote; - 3 ou 4 peças defeituosas: adicionar mais 10 peças à amostra e repetir a verificação; - mais de 4 peças defeituosas na 1ª amostragem: rejeitar o lote; - mais de 6 peças defeituosas na 2ª amostragem: rejeitar o lote.		

Componentes e Sistemas Construtivos (SiMAC), que divulgam periodicamente os relatórios setoriais, contendo produtos qualificados e eventualmente produtos não conformes. No Programa da Qualidade da Construção Habitacional do Estado de São Paulo (Qualihab), no estado de São Paulo, podem ser encontrados acordos setoriais e programas setoriais.[5] Também devem ser verificados programas de certificação de conformidade independentes, coordenados ou não por associações de fabricantes, com um Organismo de Certificação de Produto (OCP), que divulgam periodicamente os produtos certificados, como é o exemplo do Programa Setorial da Qualidade de Portas de Madeira para Edificações.[6]

Na escolha dos materiais e na definição dos elementos e sistemas construtivos convencionais, outro recurso importante a ser adotado é a Ficha de Avaliação de Desempenho (FAD), disponibilizada no SiNAT Convencionais, vinculado ao PBQP-H. Um exemplo é apresentado na Figura 4.3.

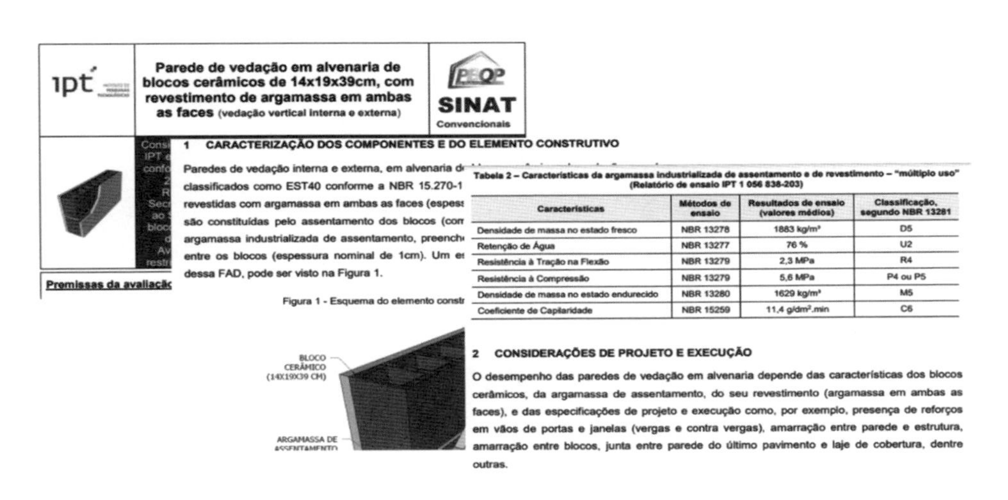

ipt

Parede de vedação em alvenaria de blocos cerâmicos de 14x19x39cm, com revestimento de argamassa em ambas as faces (vedação vertical interna e externa)

PBQP SINAT Convencionais

Cons IPT confo Z R Sec ao bloc d Av restr

Premissas da avaliaçã

1 CARACTERIZAÇÃO DOS COMPONENTES E DO ELEMENTO CONSTRUTIVO

Paredes de vedação interna e externa, em alvenaria de classificados como EST40 conforme a NBR 15.270-1 revestidas com argamassa em ambas as faces (espes são constituídas pelo assentamento dos blocos (com argamassa industrializada de assentamento, preench entre os blocos (espessura nominal de 1cm). Um es dessa FAD, pode ser visto na Figura 1.

Figura 1 - Esquema do elemento constr

Tabela 2 – Características da argamassa industrializada de assentamento e de revestimento – "múltiplo uso" (Relatório de ensaio IPT 1 056 838-203)

Características	Métodos de ensaio	Resultados de ensaio (valores médios)	Classificação, segundo NBR 13281
Densidade de massa no estado fresco	NBR 13278	1883 kg/m³	D5
Retenção de Água	NBR 13277	76 %	U2
Resistência à Tração na Flexão	NBR 13279	2,3 MPa	R4
Resistência à Compressão	NBR 13279	5,6 MPa	P4 ou P5
Densidade de massa no estado endurecido	NBR 13280	1629 kg/m³	M5
Coeficiente de Capilaridade	NBR 15259	11,4 g/dm².min	C6

2 CONSIDERAÇÕES DE PROJETO E EXECUÇÃO

O desempenho das paredes de vedação em alvenaria depende das características dos blocos cerâmicos, da argamassa de assentamento, do seu revestimento (argamassa em ambas as faces), e das especificações de projeto e execução como, por exemplo, presença de reforços em vãos de portas e janelas (vergas e contra vergas), amarração entre parede e estrutura, amarração entre blocos, junta entre parede do último pavimento e laje de cobertura, dentre outras.

Figura 4.3 Exemplo de FAD (disponível em: https://pbqp-h.mdr.gov.br/sistemas/sinat/sinat-inovacoes/. Acesso em: 14 jun. 2022).

As FADs trazem informações sobre desempenho de produtos, elementos e sistemas construtivos, incluindo características dos materiais constituintes e dos detalhes ou procedimentos de execução. Assim, os principais itens tratados são:

- premissas da avaliação e de uso da FAD;
- características dos componentes e do elemento construtivo;
- considerações de projeto e execução;

- desempenho do elemento construtivo;
- fontes de informação;
- condições de emissão da FAD.

As FADs podem ser utilizadas como balizamento técnico para a seleção de soluções de sistemas e/ou elementos construtivos que atendam aos requisitos de desempenho estabelecidos na ABNT NBR 15575. As especificações decorrentes devem prever soluções com as mesmas características das amostras ensaiadas, seja para os materiais, seja para o processo executivo ou construtivo. Entretanto, o próprio documento orientativo das FADs (Catálogo de Desempenho de Sistemas Convencionais) ressalta que, para se conseguir obter o desempenho, descrito na FAD, na edificação construída, em relação aos vários requisitos, é necessário que sejam respeitadas as medidas de controle tecnológico previstas na normalização, as boas práticas de execução e outros cuidados relacionados nas fichas e nas normas técnicas.[7]

Para produtos inovadores, aqueles que não têm normas prescritivas que orientem a elaboração de seus projetos, execução e controle, recomenda-se solicitar ao fornecedor uma avaliação técnica realizada com base nos conceitos de desempenho, na qual a relação entre função, aplicação e condições de uso são estabelecidas. Atualmente, o Documento de Avaliação Técnica (DATec), do Sistema Nacional de Avaliações Técnicas de Produtos Inovadores (SiNAT – Inovadores), do PBQP-H, é o principal documento brasileiro que apresenta o perfil de desempenho de um produto. A Figura 4.4 mostra um exemplo de DATec.

Os DATecs trazem informações sobre desempenho de produtos, elementos e sistemas construtivos inovadores, incluindo características dos materiais constituintes e dos detalhes ou procedimentos de execução. Assim, os principais itens tratados no DATec são:

- limites da avaliação técnica do produto, elemento ou sistema construtivo;
- descrição do produto;
- diretriz para avaliação técnica;
- informações e dados técnicos;
- avaliação técnica;
- controle da qualidade;
- fontes de informação; e
- condições de emissão do DATec.

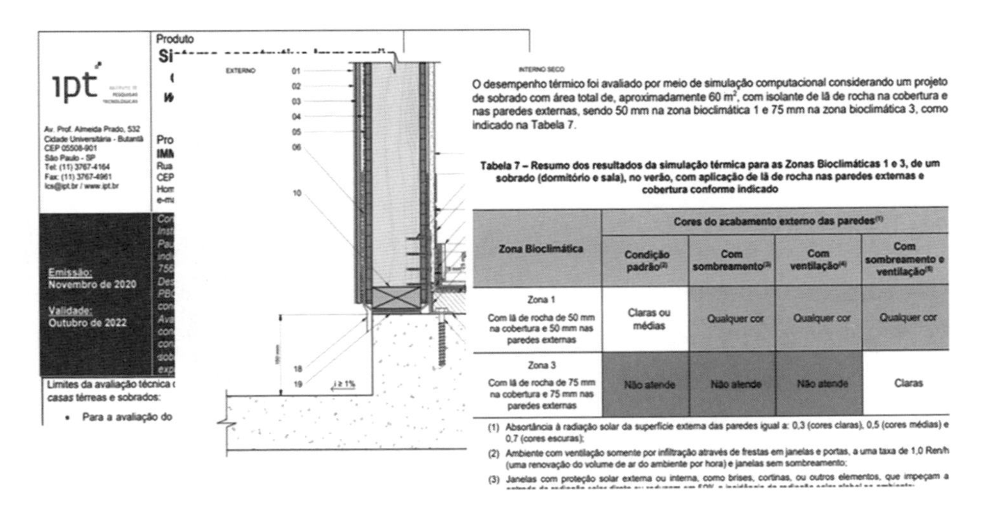

Produto

ipt

Av. Prof. Almeida Prado, 532
Cidade Universitária - Butantã
CEP 05508-901
São Paulo - SP
Tel: (11) 3767-4164
Fax: (11) 3767-4961
lcs@ipt.br / www.ipt.br

Emissão:
Novembro de 2020

Validade:
Outubro de 2022

Limites da avaliação técnica
casas térreas e sobrados:

- Para a avaliação do

EXTERNO

INTERNO SECO

O desempenho térmico foi avaliado por meio de simulação computacional considerando um projeto de sobrado com área total de, aproximadamente 60 m², com isolante de lã de rocha na cobertura e nas paredes externas, sendo 50 mm na zona bioclimática 1 e 75 mm na zona bioclimática 3, como indicado na Tabela 7.

Tabela 7 – Resumo dos resultados da simulação térmica para as Zonas Bioclimáticas 1 e 3, de um sobrado (dormitório e sala), no verão, com aplicação de lã de rocha nas paredes externas e cobertura conforme indicado

Zona Bioclimática	Cores do acabamento externo das paredes(1)			
	Condição padrão(2)	Com sombreamento(3)	Com ventilação(4)	Com sombreamento e ventilação(5)
Zona 1 Com lã de rocha de 50 mm na cobertura e 50 mm nas paredes externas	Claras ou médias	Qualquer cor	Qualquer cor	Qualquer cor
Zona 3 Com lã de rocha de 75 mm na cobertura e 75 mm nas paredes externas	Não atende	Não atende	Não atende	Claras

(1) Absortância à radiação solar da superfície externa das paredes igual a: 0,3 (cores claras), 0,5 (cores médias) e 0,7 (cores escuras);

(2) Ambiente com ventilação somente por infiltração através de frestas em janelas e portas, a uma taxa de 1,0 Ren/h (uma renovação do volume de ar do ambiente por hora) e janelas sem sombreamento;

(3) Janelas com proteção solar externa ou interna, como brises, cortinas, ou outros elementos, que impeçam a

Figura 4.4 Exemplo de DATec (disponível em https://pbqp-h.mdr.gov.br/sistemas/sinat/sinat-inovacoes/. Acesso em: 22 jun. 2022).

4.2 Qualidade da execução

Antes do início das obras, os responsáveis pela construção, os agentes do projeto, o time da obra, entre outros agentes participantes devem fazer uma análise dos projetos executivos e dos projetos para produção, para que dúvidas sejam solucionadas previamente.

É nessa fase de preparação da execução das obras, na qual ocorre o recebimento do projeto, que a análise da "construtibilidade" é importante, se não foi feita durante o desenvolvimento do projeto. Entende-se "construtibilidade" como o grau de facilidade da execução de uma solução construtiva. Existem situações em que o detalhe construtivo pode ser adequado do ponto de vista técnico, mas operacionalmente pode ser inexequível ou de difícil execução.

Quanto mais tardia é a identificação de um problema dessa natureza, mais custosa é sua solução. Falhas identificadas já durante a execução são mais difíceis de serem solucionadas e podem comprometer o desempenho, o cronograma de obras, a sequência dos serviços e até o custo.[8]

Também antes do início das obras, definem-se as estratégias da produção, ou o "plano de ataque" da obra, ou é feito o planejamento executivo. São definidas as relações de precedência entre as atividades da construção, considerando os prazos específicos, os custos, a movimentação de pessoal e de materiais, as áreas de armazenamento e recebimento de materiais, restrições construtivas e interferências entre os serviços.[9]

A qualificação da mão de obra, dos gerentes, dos engenheiros residentes, dos oficiais e ajudantes, é fundamental para uma execução adequada, principalmente se ainda não houver um domínio sobre determinada solução tecnológica. Mesmo os sistemas mais tradicionais merecem atenção especial quanto à qualificação de pessoal e aos detalhes construtivos, pois houve muitas mudanças nos materiais e nas técnicas de projeto e de execução. Muitas empresas construtoras lançam mão de Fichas de Execução de Serviços, com definição de procedimentos específicos, ferramentas e equipamentos a serem adotados, e de Fichas de Inspeção e de Verificação de Serviços, trazendo orientações e parâmetros para verificação, aceitação e rejeição, como o exemplo apresentado no Quadro 4.2.

Pode-se afirmar que as falhas de execução relacionam-se com ocorrências nos serviços propriamente ditos, por falta de atenção aos procedimentos ou por falta de controle da qualidade, desde que não haja omissão ou deficiências no projeto, em razão de conflitos relativos à falta de compatibilidade e outros fatores que podem prejudicar a qualidade do produto final.[10, 11, 12, 13] Por exemplo, falhas na compatibilidade entre projeto de alvenaria e projeto de hidráulica podem gerar a necessidade da realização de quebras na obra, afetando a produtividade, o custo e a qualidade do serviço.

É importante salientar que eventuais falhas que ocorram durante a execução, por menores que sejam, podem comprometer o desempenho da edificação. Mesmo que não haja comprometimento da segurança, pode haver comprometimento de aspectos de habitabilidade e até de durabilidade. São apresentados aqui dois exemplos ilustrativos.

O primeiro exemplo trata da questão de falhas na isolação isonora de paredes de alvenaria sem função estrutural entre duas unidades habitacionais (Figura 4.5). Observam-se falhas localizadas na alvenaria, que podem reduzir a isolação sonora projetada ou prevista para a parede, devido a falhas no preenchimento das juntas com argamassa e a existência de frestas na parede, às vezes para posicionamento de caixinhas elétricas, por exemplo. Atualmente, dispõe-se de equipamento específico para verificar eventuais falhas acústicas, mediante a realização de holografia acústica (Figura 4.6); o equipamento consegue

Quadro 4.2 Exemplo de uma ficha de inspeção e verificação de serviço para alvenaria sem função estrutural adotada por empresa construtora.

EMPRESA	FVS – Ficha de Verificação de Serviço	Obra: FVS nº	Serviço: Alvenaria sem função estrutural							
Área →										
Item de inspeção	Método de verificação	Tolerância								
Condições iniciais	Verificar a limpeza, a transferência dos eixos e a conclusão do chapisco (3 dias)	-								
Nivelamento e alinhamento da fiada de marcação	Por meio de nível de mangueira ou *laser*, trena e linha de náilon após marcação concluída	2 cm em 5 m								
Esquadro	Verificar com um esquadro metálico	2 mm/m								
Planeza e prumo da alvenaria	Por meio de um prumo de face e régua de alumínio de 2 m, após a conclusão da elevação da alvenaria	± 3 mm								
☞Posicionamento das telas	As telas devem estar exatamente na junta horizontal da alvenaria	Sem tolerância								
Posicionamento dos blocos e vergas	Visual durante a execução da elevação	Sem tolerância								
Largura, altura e alinhamento dos vãos de portas e janelas	Através de trena metálica após a conclusão da elevação da alvenaria	± 5 mm								

(*continua*)

Quadro 4.2 Exemplo de uma ficha de inspeção e verificação de serviço para alvenaria sem função estrutural adotada por empresa construtora. (*Continuação*)

Altura para fixação	Com uma trena metálica	15 a 30 mm								
Aspecto final e fixação	Visual após a conclusão da alvenaria, a argamassa deve cobrir toda a largura do bloco para fixação	Sem tolerância								
☞Desperdício de água, energia, materiais e mão de obra	Visual	Redução conforme meta mensal								
☞Gestão de resíduos	Verificar se os resíduos estão sendo tratados adequadamente	Conforme SGA								

Legenda	Ainda Não Inspecionado	Aprovado	Reprovado	Aprovado após reinspeção
	Em branco		○	✕

Ocorrência de não conformidade e tratamento			
Nº	Descrição do problema	Solução proposta (disposição)	Reinspeção

Local da inspeção:	Inspecionado por: (nome e assinatura)	Data de abertura da FVS:	Data de fechamento da FVS:
		______ / ______ / ______	______ / ______ / ______

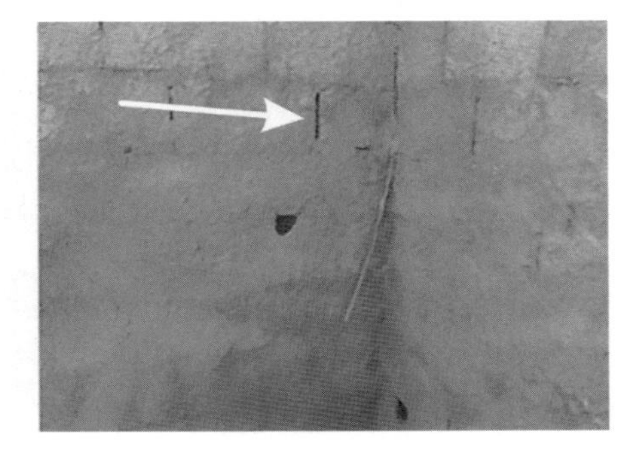

Figura 4.5 Falhas no preenchimento das juntas verticais entre blocos de paredes de alvenaria.

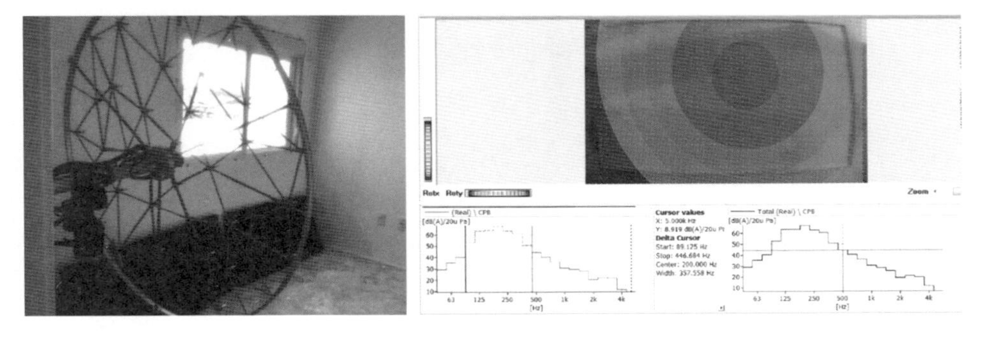

Figura 4.6 Equipamento para realização de holografia acústica, em campo; e representação esquemática do resultado medido.

fazer o mapeamento da transmissão sonora pela parede, em diversos pontos, fazendo uma espécie de "fotografia do ruído" e, dessa forma, identificar os pontos falhos.

O segundo exemplo trata da questão do comprometimento da estanqueidade à água da fachada, em razão de falhas ocorridas durante a execução da solução construtiva adotada para a interface entre esquadria e parede externa, possibilitando a penetração de água de chuva (Figura 4.7).

Figura 4.7 Falhas nas interfaces entre esquadrias e paredes externas, prejudicando o desempenho da fachada quanto à estanqueidade à água.

Considerações finais

Conforme exposto neste capítulo, a qualidade da execução é essencial para o atendimento aos requisitos de desempenho. Nada adianta o projeto ser concebido adequadamente, com especificações de materiais e sistemas definidos considerando o conceito de desempenho, se durante a execução não houver comprometimento com a conformidade ao projeto e com cuidados para aquisição e recebimento de materiais, sistemas e serviços. O conhecimento e a adoção de produtos qualificados ou certificados tendem a reduzir problemas provenientes da qualidade dos materiais. Para aquisição de sistemas inovadores, é recomendável solicitar ao fornecedor uma avaliação técnica realizada com base nos conceitos de desempenho, sendo o DATec, atualmente, o principal documento brasileiro que apresenta o perfil de desempenho de um produto inovador. Com relação aos serviços, existem manuais técnicos de boas práticas e normas brasileiras que trazem informações que podem contribuir para a elaboração de procedimentos de execução e verificação.

Exercícios propostos

Os exercícios apresentados a seguir destinam-se a fixar e a aprofundar os conhecimentos apresentados neste capítulo, sendo igualmente recomendada sua resolução individual ou em grupos.

Exercício 4.1

Para as afirmações enunciadas a seguir, qualifique cada uma delas como **V (verdadeira) ou F (falsa)**, com base no texto do capítulo.

( ) O bom desempenho dos Sistemas de Gestão da Qualidade (SGQ) das empresas que executam as obras ou fornecem os serviços, responsáveis por reduzir as falhas, padronizar e melhorar continuamente os processos, interessa tanto às próprias empresas quanto aos seus clientes e usuários.

( ) As Fichas de Avaliação de Desempenho (FADs), disponibilizadas pelo SiNAT, vinculado ao PBQP-H, podem ser utilizadas como balizamento técnico para a seleção de produtos que não seguem as normas técnicas da ABNT.

( ) Para produtos inovadores que ainda não têm normas prescritivas que orientem a elaboração de seus projetos, execução e controle, fica dispensada a avaliação técnica realizada com base nos conceitos de desempenho.

( ) A qualificação dos profissionais residentes na obra, dos mestres, oficiais e ajudantes, é fundamental para a execução adequada, podendo, na prática, até mesmo justificar um menor controle da qualidade da execução.

Exercício 4.2

(Exercício sugerido para debates em grupos)

É importante que, já na fase de projeto, sejam feitas as especificações técnicas dos materiais de construção, considerando não somente questões de ordem estética ou dimensional, mas também as características intrínsecas dos materiais que interferem no desempenho dos elementos construtivos. Uma vez iniciada a execução, se o construtor precisar substituir uma especificação feita em projeto – por exemplo, devido à indisponibilidade do produto especificado no mercado –, como ele deve agir, levando-se em conta as responsabilidades envolvidas?

Exercício 4.3

Escolha um produto de construção que seja do seu interesse. Faça uma pesquisa quanto às informações técnicas disponíveis sobre esse produto no seguinte *site*:

- SINAT – Convencionais: https://pbqp-h.mdr.gov.br/sistemas/sinat/sinat-inovacoes/

Referências bibliográficas

[1] ASSOCIAÇÃO BRASILEIRA DE NORMAS TÉCNICAS (ABNT). *ABNT NBR 15575* – Edificações habitacionais – Desempenho (coletânea eletrônica). Rio de Janeiro: ABNT, 2013. 381 p.

[2] PROGRAMA BRASILEIRO DE QUALIDADE E PRODUTIVIDADE DO HABITAT (PBQP-H). *Sistema de Avaliação de Conformidade de empresas construtoras ou executoras de serviços e obras, SiAC*. Disponível em: http://pbqp-h.mdr.gov.br/sistemas/siac. Acesso em: 6 out. 2021.

[3] GUERRA, M. A. D'A.; MITIDIERI FILHO, C. V. *Sistema de Gestão Integrada em construtoras de edifícios*: como planejar e implantar um SGI. 2. ed. São Paulo: Pini, 2015.

[4] ASSOCIAÇÃO BRASILEIRA DE NORMAS TÉCNICAS (ABNT). *ABNT NBR 15930-2* – Portas de madeira para edificações – Parte 2: Requisitos. Rio de Janeiro: ABNT, 2018.

[5] ESTADO DE SÃO PAULO. Secretaria de Habitação. *Qualihab – Apresentação*. Disponível em: https://cdhu.sp.gov.br/web/guest/qualihab/apresentacao. Acesso em: 22 jun. 2022.

[6] PROGRAMA SETORIAL DA QUALIDADE DE PORTAS DE MADEIRA PARA EDIFICAÇÕES (PSQPME). *Programa de Certificação*. Disponível em: https://www.psqportas.com.br/certificacao/. Acesso em: 22 jun. 2022.

[7] CLETO, F. R.; VITTORINO, F.; OLIVEIRA, L. A.; MITIDIERI FILHO, C. V. Fichas de avaliação de desempenho (FADs) para elementos e sistemas construtivos convencionais. *In*: 2º Workshop de Tecnologia de Processos e Sistemas Construtivos – Tecsic. *Anais 2019*. São Paulo, 28-29 ago. 2019. Disponível em: https://eventos.antac.org.br/index.php/tecsic/article/view/355. Acesso em: 22 jun. 2022.

[8] OLIVEIRA, L. A.; MELHADO, S. B. Análise da qualidade do processo de projeto em função da ocorrência de problemas na etapa de execução da obra: estudos de caso. *In*: *IV Simpósio Brasileiro de Gestão e Economia da Construção*. Porto Alegre: SIBRAGEQ, 2005. Disponível em: https://www.researchgate.net/publication/346813116_ANALISE_DA_QUALIDADE_DO_PROCESSO_DE_PRO-

JETO_EM_FUNCAO_DA_OCORRENCIA_DE_PROBLEMAS_NA_ETAPA_DE_EXECUCAO_DA_OBRA_ESTUDOS_DE_CASO. Acesso em: 22 jun. 2022.

9 SOUZA, U. E.; FRANCO, L. S. Recomendações gerais quanto à localização e tamanho dos elementos do canteiro de obras. EPUSP. *Boletim Técnico BT/PCC/177*. São Paulo, 1997. Disponível em: https://www.academia.edu/34756427/BT_PCC_178_RECOMENDA%C3%87%C3%95ES_GERAIS_QUANTO_%C3%80_LOCALIZA%C3%87%C3%83O_E_TAMANHO_DOS_ELEMENTOS_DO_CANTEIRO_DE_OBRAS. Acesso em: 24 jul. 2022.

10 MELHADO, S. B. *Gestão, cooperação e integração para um novo modelo voltado à qualidade do processo de projeto na construção de edifícios*. Tese (Livre-docência) – Escola Politécnica da Universidade de São Paulo (EPUSP). São Paulo, 2001. 235 p.

11 SOUZA, A. L. R. *Preparação e coordenação da execução de obras*: transposição da experiência francesa para a construção brasileira de edifícios. Tese (Doutorado) – Escola Politécnica da Universidade de São Paulo (EPUSP). São Paulo: 2001. 440 p.

12 AQUINO, J.; MELHADO, S. B. Estudos de caso sobre desenvolvimento e utilização de projetos para produção de vedações verticais. *Revista G&T Projetos*, v. 1, n. 1, 2006. p. 76-103.

13 DUEÑAS PENA, M.; FRANCO, L. S. Método para elaboração de projetos para produção de vedações verticais em alvenaria. *Revista G&T Projetos*, v. 1, n. 1, 2006. p. 126-153.

5

Interface entre Manutenção e Desempenho

O atendimento aos requisitos de desempenho depende da qualidade das especificações técnicas do projeto; da conformidade da execução com o projeto; dos detalhes construtivos; do controle da qualidade dos materiais, componentes e sistemas construtivos; do controle da qualidade na execução; e dos procedimentos e das frequências de manutenção durante o uso e a operação da edificação; ou seja, para manter o desempenho da edificação e suas partes, as operações de manutenção são essenciais, tanto que a vida útil está correlacionada com as atividades de manutenção, conforme ilustra a Figura 2.1, no Capítulo 2.

Vale ressaltar que, durante o ciclo de vida da edificação, a fase de maior duração é a de uso e operação, ou seja, é nessa fase que necessariamente ocorrem diversas intervenções de manutenção e até mesmo de readequação (reforma). Assim, o desempenho da edificação é influenciado pelos custos de operação e pelo grau de facilidade de manutenção da edificação.

Existem duas normas brasileiras que tratam do tema manutenção das edificações: a norma ABNT NBR 5674:2012,[1] que trata dos requisitos para o sistema de gestão da manutenção; e a ABNT NBR 14037:2011,[2] que indica o conteúdo mínimo dos manuais de uso, operação e manutenção. Para que o custo da manutenção seja viável, de modo a preservar o desempenho da edificação ao longo do tempo, é preciso que diversas questões que interferem na manutenção sejam tratadas desde a fase de projeto, visto que algumas decisões tomadas no projeto afetam a viabilidade técnica e financeira da manutenção na fase de uso e operação da edificação.

Além disso, para o estabelecimento de um programa de manutenção, é preciso conhecer a vida útil estimada da edificação ou de suas partes. O programa de manutenção é conduzido pelo usuário, mas com base nas informações do manual do proprietário e das áreas comuns da edificação, que contém informações vindas desde a fase do projeto, que devem considerar os aspectos de manutenibilidade.

Este capítulo aborda o conceito de manutenibilidade, a interface entre manutenção e desempenho, o projeto para manutenção (premissas para manutenção), as diferenças entre manual técnico de sistema construtivo e manual de uso e operação da edificação e exemplo de planos de manutenção.

5.1 Manutenibilidade

Segundo a norma de desempenho brasileira (ABNT NBR 15575-1:2013),[3] manutenibilidade é "o grau de facilidade de um sistema, elemento ou componente de ser mantido ou recolocado no estado no qual possa executar suas funções requeridas, sob condições de uso especificadas, quando a manutenção é executada sob condições determinadas, procedimentos e meio prescritos".

Portanto, quanto menor é a possibilidade de intervenção, de acesso para manutenção ou recuperação, e, ainda, de substituição de um item da edificação, mais custosa é sua manutenção. Nessa situação, considera-se que a vida útil de projeto desse item deve ser maior do que outro cuja manutenção seja mais fácil. O Quadro 5.1 apresenta essa relação entre tempo de vida útil e tipos de categorias, as quais são relacionadas com a facilidade de manutenção: substituível, manutenível, não manutenível.

Quadro 5.1 Relação entre categorias relativas à facilidade de manutenção e vida útil (adaptação da NBR 15575-1).

Categoria	Descrição	Vida útil	Exemplos típicos
1	Substituível	Vida útil mais curta que a edificação, sendo sua substituição fácil e prevista na etapa de projeto	Muitos revestimentos de pisos, louças e metais sanitários
2	Manutenível	São duráveis, porém necessitam de manutenção periódica, e são passíveis de substituição ao longo da vida útil da edificação	Revestimentos de fachadas e janelas
3	Não manutenível	Devem ter a mesma vida útil da edificação, por não possibilitarem manutenção ou pela dificuldade de se fazer manutenção	Fundações e muitos elementos estruturais

A definição da vida útil de projeto (VUP) leva em consideração diversos fatores, inclusive a questão do grau de facilidade da manutenção; por isso, as discussões relativas à manutenção precisam ser iniciadas na fase de projetos. Por exemplo, para um trecho de estrutura da edificação com maior dificuldade de acesso, deverão ser previstas soluções ou especificações mais robustas ou rigorosas, haja vista a dificuldade da realização dos serviços de manutenção ao longo da vida útil. No caso de instalações, por exemplo, há grande diferença de acesso para manutenção entre as soluções embutidas e as soluções em *shafts* acessíveis.

Nesses exemplos, percebe-se que algumas decisões de projeto precisam ser tomadas considerando esse grau de facilidade de manutenção, como o acesso para inspeções em fachadas. Assim, definições, diretrizes, premissas e orientações para a manutenção ocorrem na fase de projeto, as quais constarão do manual de uso e operação da edificação, com uma linguagem adequada para o consumidor (usuário). Alguns autores denominam as informações e análises sobre manutenção geradas na fase de projeto de "projeto para a manutenção" e as informações que geram o programa de manutenção propriamente dita, como "projeto de manutenção" (SANCHES; FABRICIO, 2008).[4] Assim, é possível entender o **projeto para manutenção** como uma série de posturas adotadas em diferentes etapas do projeto, que fornecem subsídios e diretrizes para o manual de uso, operação e manutenção da edificação; da mesma forma, são gerados subsídios para o projeto da manutenção, que ocorre na fase de uso da edificação (Figura 5.1).

Na realidade, independentemente da forma como alguns autores denominam, um projeto adequado deve ter a preocupação não só com a produção da edificação, mas também com sua manutenção. Os níveis de desempenho definidos em projeto, bem como as especificações técnicas e a própria geometria da edificação devem ser pensados levando em conta a VUP prevista.

Como dificilmente existe um projeto específico para a manutenção, e para não confundir terminologias, denominar-se-á as informações para manutenção provenientes da fase de projeto de premissas para manutenção.

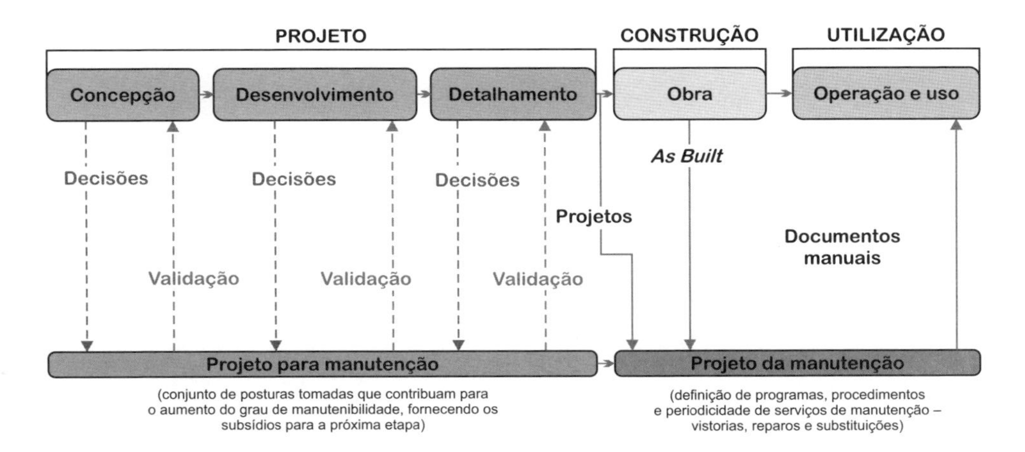

Figura 5.1 Projeto para manutenção e projeto da manutenção (adaptada de SANCHES; FABRICIO [2018]).

Também se diferencia manual de uso, operação e manutenção da edificação – documento elaborado pela construtora com base nas premissas de projeto e na NBR 1403:2011 – do manual técnico de uso, operação e manutenção de um sistema construtivo, fornecido pelo produtor ou detentor de um sistema de construção, chamado no mercado de "sistemista". Um fornecedor de sistema de revestimento não aderido (fachada ventilada), por exemplo, precisa indicar em um manual técnico as informações de desempenho desse sistema, bem como as premissas para sua manutenção. Esse manual precisa ser encaminhado para o responsável por elaborar o detalhamento do projeto, que considerará tais informações como premissas para a manutenção do sistema. O manual técnico do sistema e tais premissas são documentos do projeto, os quais são encaminhados para a construtora; as informações serão incorporadas ao manual de uso, operação e manutenção da edificação, em linguagem adequada ao usuário.

O Anexo 1 do Regimento Geral do SiNAT,[5] que trata de procedimentos para a realização de auditorias técnicas no âmbito do SiNAT Inovador, também traz o conceito de manual técnico de uso, operação e manutenção de sistema construtivo.

5.2 Tipos de manutenção

Existem diversas categorias ou tipos de manutenção; neste livro, optou-se por usar como referência a EN 13306:2010[6] e a ABNT NBR 5674:2012, conforme esquema da Figura 5.2, na qual se considera a manutenção planejada (preventiva) e a não planejada (corretiva).

Manutenção preventiva ou planejada é aquela em que os reparos ou as intervenções são feitos antes que ocorra um evento específico que possa gerar falhas ou interrupção no funcionamento de parte da edificação, que possa incorrer em problemas mais complexos e gerar custos altos de manutenção. A manutenção preventiva pode ser baseada na condição ou no estado de conservação de determinado item, mediante identificação da necessidade de substituição de partes ou de reparos, antes que ocorra uma falha ou um problema de fato. Essa manutenção deve ser executada atendendo a uma programação prévia de verificação ou inspeção, de reparo ou substituição de componentes ou partes do sistema ou das instalações; um exemplo típico é a manutenção de elevadores ou a manutenção do sistema de bombas de recalque.

A manutenção corretiva é aquela que ocorre após algum evento em que o sistema, a instalação ou uma de suas partes apresenta falhas ou deixa de funcionar

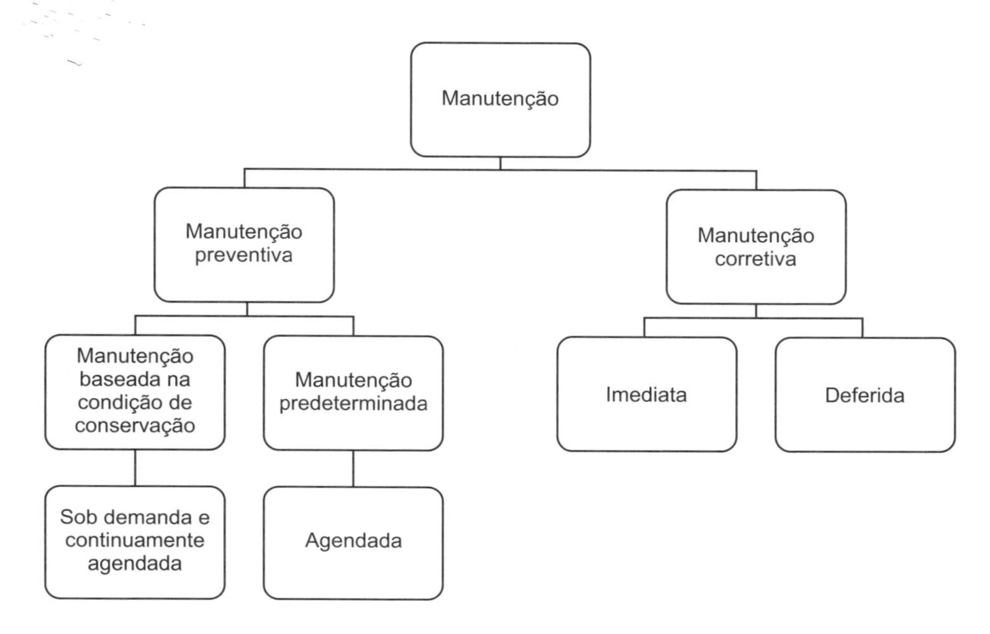

Figura 5.2 Esquema de manutenção (adaptada de EN 13306 e LIND; MUYNGO [2012][7]).

adequadamente, não apresentando as condições necessárias de atendimento aos requisitos de desempenho.

A NBR 5674 também considera a categoria de manutenções rotineiras – aquela que possui serviços constantes e cíclicos na edificação – como serviços de limpeza em geral e lavagem de áreas comuns. Limpeza de caixa de gordura e caixa d'água, por exemplo, é considerada uma manutenção rotineira.

5.3 Manual técnico de uso, operação e manutenção de sistema construtivo

O manual técnico de uso, operação e manutenção do sistema, fornecido pelo sistemista, por exemplo, precisa conter informações técnicas básicas do produto, prazo de garantia, vida útil de referência do sistema, os principais agentes de degradação, a periodicidade e os tipos de limpeza, a periodicidade de inspeção, critérios de falhas, ou seja, quais tipos de falhas e suas respectivas gravidades, e diretrizes de como o processo de manutenção deve ser conduzido, inclusive considerando equipamentos para inspeção e acessos. Para definir períodos de inspeção e critérios de falhas, é preciso deter o conhecimento técnico sobre o produto.

Importante observar que as informações do manual técnico são geradas ainda na fase de projeto, seja nas etapas preliminares, seja no executivo, quando os sistemas construtivos e suas respectivas tecnologias estão sendo definidas. O Quadro 5.2 exemplifica informações que o manual técnico de um fornecedor fictício de esquadria de aço com pintura eletrostática deveria apresentar.

Quadro 5.2 Diretrizes para manutenção de esquadria. Exemplo de conteúdo de manual técnico de um produto, considerando, por hipótese, a informação de VUP de 20 anos para esquadrias externas constantes na ABNT NBR 15575.

Sistema/ componentes		VUR (anos)	Periodicidade das inspeções	Critérios de falhas	Recomendação de manutenção
1	Janela de aço com pintura eletrostática	20	Limpeza e inspeções a cada 3 meses, em ambiente urbano e rural (recomendação da NBR 10821-5)	▪ Sujeira em trilhos e drenos ▪ Problemas no funcionamento (resistência à abertura e ao fechamento)	▪ Limpeza com água e detergente neutro, a 5 % ▪ Evitar produtos abrasivos, solventes, ácidos e alcalinos ▪ Manutenção preventiva: limpeza de drenos; aplicação de "lubrificantes" nas partes móveis
1.1	Perfis de aço	20	Inspeções anuais	Cortes, riscos, fissuras ou escoriações, visíveis a 1 m de distância, ou pontos de corrosão (inspeção com iluminação diurna)	▪ Previsão de retoques feitos com trincha ▪ Lixar as regiões com falhas, visando fornecer aderência com a nova pintura e recompor o sistema com o *primer* e o acabamento
1.2	Vidros	20	Inspeções anuais	Trincas ou quebras	▪ Substituição
1.3	Gaxetas de EPDM e selantes internos à esquadria	8	4 anos	Encurtamento, fissuras, descolamentos	▪ Substituição, respeitando as especificações originais de projeto ▪ Não permitir lavagens com agentes químicos como acetona, solventes e produtos abrasivos
1.4	Partes móveis	8	4 anos	Quebras e não funcionamento	▪ Substituição

Incorporadores, empresas privadas, empresas públicas ou agentes financeiros poderiam ter suas próprias diretrizes para manutenção dos sistemas, das instalações e dos componentes das edificações. Assim, essas diretrizes poderiam ser adotadas como requisitos para elaboração de projetos e para especificação e aquisição de produtos, até em processos licitatórios, cujos fornecedores também precisariam levar em conta tais diretrizes e considerá-las nos seus manuais técnicos de operação e manutenção. O Quadro 5.3 ilustra um exemplo de diretrizes para manutenção implantada por uma empresa pública de habitação.

Quadro 5.3 Diretrizes para manutenção de alvenaria externa sem função estrutural, revestida com argamassa. Exemplo de conteúdo de manual técnico de sistema construtivo (nível mínimo conforme sugerido pela ABNT NBR 15575).

<table>
<tr><th>Sistema, elemento e componentes</th><th>VUP (anos)</th><th>Recomendação de manutenção</th></tr>
<tr><td>Alvenaria externa sem função estrutural</td><td>40</td><td>A cada 3 anos, verificar a integridade das alvenarias, procurando detectar ocorrência de fissuras, destacamentos, manchas de umidade, manchas de corrosão ou outros problemas. Caso sejam constatados problemas de segurança, contratar projeto de recuperação específico.</td></tr>
<tr><td>Revestimento de argamassa das paredes externas</td><td rowspan="2">20</td><td rowspan="3">Inspeções a cada 2 anos, para verificar destacamento, fissuras e som cavo. Caso se identifiquem fissuras com abertura superior a 0,3 mm e em extensão superior a 0,1 m/m², há necessidades de tratamentos específicos, com corte do revestimento na região da fissura e recomposição. Caso se identifiquem regiões com som cavo, é necessário recompor o revestimento nessa área.</td></tr>
<tr><td>Barrado impermeável na base da parede externa</td></tr>
<tr><td>Revestimento em argamassa - paredes internas</td><td>13</td></tr>
</table>

5.4 Manual de uso, operação e manutenção da edificação

O manual de uso, operação e manutenção da edificação também é conhecido como manual do proprietário, no caso de áreas privativas, e manual do síndico, no caso de áreas comuns. Ele é desenvolvido pela construtora, com base nos manuais técnicos de uso, operação e manutenção dos sistemas e das instalações que compõem a edificação; nas premissas de projeto para manutenção; na experiência da empresa; e, também, em guias orientativos definidos pelo setor, em geral por associações de empresas ou sindicatos patronais representativos. Esse manual geralmente é concluído ao final da obra, quando o *As Built* já pode ser elaborado, pois precisam ser incluídas informações mais precisas que alimentarão as manutenções e futuras reformas. Por princípio, do ponto de vista do uso, da operação e da manutenção, o projeto a ser considerado deve ser aquele realmente executado. O manual é entregue aos proprietários ou condomínios com as chaves do imóvel.

Segundo a NBR 14037:2011, esse manual de uso, operação e manutenção das edificações tem o objetivo de informar aos proprietários e ao condomínio as características técnicas da edificação, descrever procedimentos recomendáveis e obrigatórios para conservação, uso e manutenção das edificações, informar e orientar os proprietários a respeito de suas obrigações com relação às atividades de manutenção e das condições de utilização, prevenir a ocorrência de falhas ou acidentes decorrentes do uso inadequado e contribuir para o atendimento à vida útil da edificação.

Nesse sentido, esse manual precisa ter, no mínimo, as seguintes informações e documentos:

- dados gerais sobre a construtora e o empreendimento e eventuais informações sobre a vizinhança;
- informações técnicas a respeito dos sistemas, produtos e equipamentos utilizados na edificação, como: indicação do tipo de parede, alvenaria de blocos de concreto de 14 × 19 × 39 cm de vazado vertical; revestimento do piso do banheiro de placas cerâmicas de tais dimensões e classe de resistência à abrasão superficial PEI III; torneira de metal cromado nas pias do banheiro, modelo tal etc. Essas informações constam também do Memorial Descritivo da edificação;
- informações sobre garantias e assistência técnica, incluindo também manuais técnicos específicos de fornecedores. Importante que existam documentos que definam o prazo e o escopo da garantia, como: garantia da impermeabilização feita na laje sobre cobertura – escopo – estanqueidade à água da área do piso e juntas, pelo período de 5 anos;
- orientações para uso e operação de diversos sistemas; cargas de uso máximas permitidas nas lajes e nas varandas, capacidade limite de potência de equipamentos elétricos, definição do uso do imóvel, entre outros;

- orientações para manutenção, com periodicidade de inspeção, procedimentos para manutenção etc. Essa parte do manual é alimentada com as premissas para manutenção vindas do projeto e também dos manuais técnicos dos sistemas e equipamentos entregues para a construtora;
- relação de fornecedores de projeto, componentes, elementos, sistemas instalações e equipamentos. No caso dos projetos, é importante a indicação do contato dos projetistas e, no caso de materiais, contato dos fabricantes, principalmente daqueles que constam da lista de garantias, como fornecedores de janelas. O projeto da edificação também é entregue ao síndico;
- informações complementares, como plantas, projetos, croquis, cortes esquemáticos e informações gráficas importantes para a compreensão da edificação. Orientações para armazenamento de resíduos orgânicos e recicláveis também podem constar no manual.

5.5 Plano de manutenção e inspeção predial

O plano de manutenção deve ser estabelecido pelo condomínio ou usuário durante a fase de uso do imóvel e deve considerar as informações sobre durabilidade (vida útil), manutenção e garantias definidas nos manuais do proprietário e das áreas comuns. Esse plano ou programa é um conjunto de informações que permitem a condução das atividades de manutenção, sejam rotineiras, preventivas ou corretivas, de forma orientada e planejada.

O plano de manutenção contém a definição das atividades essenciais de manutenção e sua periodicidade, a definição dos responsáveis pela execução, a indicação dos documentos de referência e das referências normativas e recursos necessários específicos para os sistemas e instalações e, quando aplicável, aos componentes construtivos e aos equipamentos. O plano de manutenção deve considerar os projetos inclusive os da manutenção, se houver, os memoriais descritivos, as informações do *As Built*, e o manual de uso, operação e manutenção fornecido pela construtora. Pode ser adaptado periodicamente, em razão da intensidade de uso da edificação, de materiais e equipamentos específicos utilizados, da idade da edificação, do desempenho real ou da vida útil real observada e do próprio histórico das manutenções realizadas. Faz-se necessário e importante o registro das intervenções realizadas na edificação, sejam nas áreas privativas, sejam nas áreas comuns, incluindo relatórios e pareceres técnicos emitidos por profissionais habilitados. Pode conter ainda uma escala de prioridades e uma previsão financeira. A Figura 5.3 ilustra a interface entre o plano de manutenção e o processo de projeto.

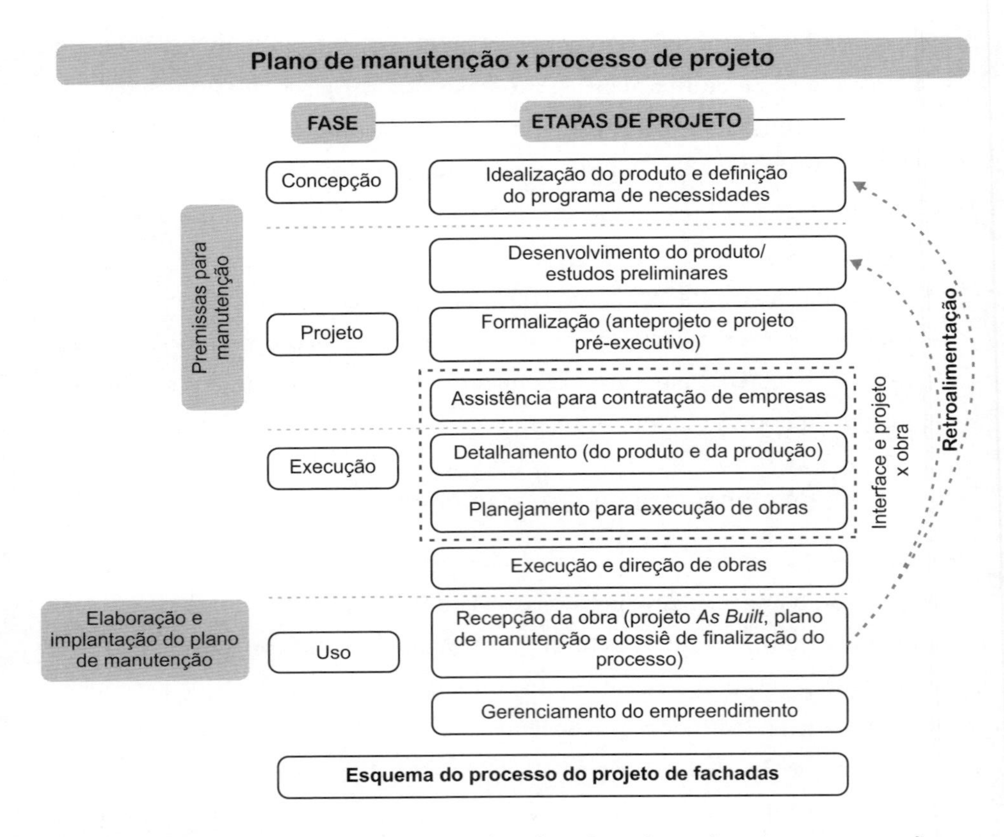

Figura 5.3 Premissas e plano de manutenção - fase de projeto e fase de uso e operação (adaptada de OLIVEIRA [2009][8]).

5.6 Custo global e custo de manutenção

Os custos relacionados com a manutenção compõem também o custo global (definido no Capítulo 2) e têm influência significativa na vida útil da edificação ou de suas partes, pois manutenções caras podem não ser conduzidas e acarretar desgaste ou deterioração precoce do imóvel, o que leva à desvalorização e dificuldade em manter a vantagem competitiva no mercado imobiliário (SILVA, 1997;[9] IBAPE, 2012[10]).

O crescimento dos custos de intervenções é influenciado pelas fases do ciclo de vida do imóvel, observação feita por alguns autores desde a década de 1980, como o clássico gráfico de Sitter (1984), apresentado na Figura 5.4. Uma intervenção ou modificação na fase de projeto não tem praticamente custo adicional; já na fase de uso da edificação, as intervenções têm maior custo que na fase de projeto. Além disso, fica claro que as intervenções como manutenções preventivas são menos custosas que as intervenções realizadas como manutenção corretiva.

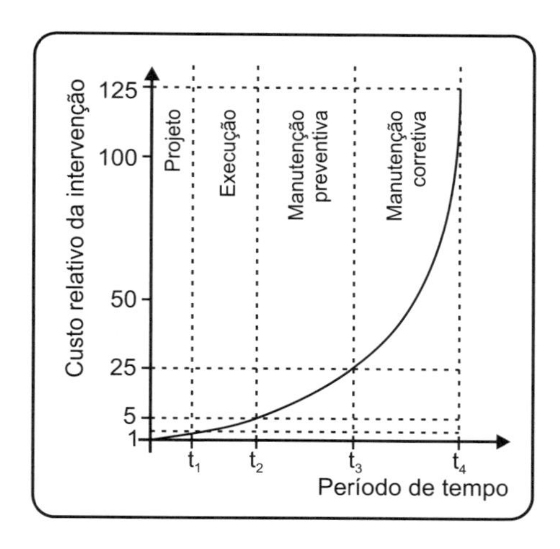

Figura 5.4 Evolução dos custos de intervenção (SITTER, 1984).[11]

Estudos do setor da construção da Inglaterra mostram que o custo de manutenção anual médio de uma habitação social, considerando uma vida útil de 60 anos, é da ordem de 2 a 2,5 % do valor de uma nova moradia, e que esses custos vêm decrescendo em razão do trabalho de gestão e orientação que o New Charter Building Company (NBCC) vem realizando (EL HARAM;[12] GAD, 2015;[13] MARTENSSON; JOHNSON, 1999[14]). Ao longo de 60 anos de VUP, pode significar algo em torno de 120 a 150 % do valor de uma nova moradia.

No Brasil, os poucos estudos existentes indicam que o custo da manutenção anual média de habitações sociais pode estar em torno de 5 % do custo inicial da edificação (custo de produção da construção original), o que, em alguns casos, significa quase cinco salários mínimos, valor bastante elevado para o usuário de menor renda (LOPES, 2002;[15] SILVA, 2018[16]).

Considerações finais

As atividades de manutenção tornam-se importantes proporcionalmente ao estoque de edificações, sejam elas comerciais, institucionais ou residenciais, visto que o planejamento e a implantação de planos de manutenção são cruciais para a eficiência econômica. Entretanto, cada edificação tem seu próprio regime de funcionamento e possui diferentes interações com o ambiente, o que torna difícil prever o processo de degradação e o tempo de vida útil dos diferentes componentes construtivos.

As mudanças econômicas e sociais também afetam o que é racional fazer em termos de manutenção, considerando a capacidade financeira dos usuários e a cultura ou a falta de cultura para a manutenção da edificação.

Um sistema de manutenção deve ser planejado de uma maneira mais flexível, sendo ajustado continuamente em razão do comportamento real e do histórico das manutenções realizadas; diretrizes de apoio ao processo de tomada de decisão são importantes no planejamento desse sistema de manutenção.

Exercícios propostos

Os exercícios apresentados a seguir destinam-se a fixar e a aprofundar os conhecimentos apresentados neste capítulo, sendo igualmente recomendada sua resolução individual ou em grupos.

Exercício 5.1

Para as afirmações enunciadas a seguir, qualifique cada uma delas como **V (verdadeira) ou F (falsa)**, com base no texto do capítulo.

( ) Manutenibilidade é "o grau de facilidade de um sistema, elemento ou componente de ser mantido ou recolocado no estado no qual possa executar suas funções requeridas, sob condições de uso especificadas"; portanto, a manutenibilidade pode ser maior ou menor, independentemente de a manutenção ser executada sob condições determinadas, procedimentos e meio prescritos.

( ) A manutenção preventiva, recomendada pela ABNT NBR 5674:2012, devido aos seus custos altos, é geralmente substituída pela manutenção corretiva, definida pela mesma norma técnica.

( ) Definido pela NBR 14037:2011, o manual de uso, operação e manutenção das edificações deve conter, entre outras orientações, informações sobre uso e operação de diversos sistemas, cargas de uso máximas permitidas nas lajes e nas varandas, e capacidade limite de potência de equipamentos elétricos.

Exercício 5.2

(Exercício proposto para debate em grupos)

No Brasil, estudos existentes indicam que o custo da manutenção anual média de habitações sociais pode estar em torno de 5 % do custo inicial da edificação. Avalie o impacto dessas despesas de manutenção sobre a vida financeira dos usuários das unidades habitacionais e discuta mecanismos para reduzir tal impacto, envolvendo desde a forma de financiamento e aquisição das moradias até os processos de produção envolvidos, passando pelos processos de planejamento e de projeto.

Referências bibliográficas

[1] ASSOCIAÇÃO BRASILEIRA DE NORMAS TÉCNICAS (ABNT). *ABNT NBR 5674* – Manutenção de edificações – Requisitos para o sistema de gestão de manutenção. Rio de Janeiro, 2012.

[2] ASSOCIAÇÃO BRASILEIRA DE NORMAS TÉCNICAS (ABNT). *ABNT NBR 14037* – Diretrizes para elaboração de manuais de uso, operação e manutenção das edificações – Requisitos para elaboração e apresentação dos conteúdos. Rio de Janeiro, 2011.

[3] ASSOCIAÇÃO BRASILEIRA DE NORMAS TÉCNICAS (ABNT). *ABNT NBR 15575-1* – Edificações habitacionais: desempenho – Requisitos gerais. Rio de Janeiro: ABNT, 2013.

[4] SANCHES L. D. A.; FABRICIO, M. M. A. Projeto para manutenção. *In*: VII Workshop Brasileiro do Processo de Projetos na Construção de Edifícios. *Anais VIII*. São Paulo, 2008.

[5] SISTEMA NACIONAL DE AVALIAÇÃO TÉCNICA (SiNAT) DO PBQP-H. Disponível em: https://pbqp-h.mdr.gov.br/sistemas/sinat/introducao/. Acesso em: 25 jul. 2022.

[6] EUROPEAN STANDARD. *EN 13306* – Maintenance terminology. 2018. Disponível em: https://www.en-standard.eu/une-en-13306-2018-maintenance-maintenance-terminology/. Acesso em: 22 jun. 2022.

[7] LIND, H.; MUYINGO, H. Building maintenance strategies: planning under uncertainty. *Property Management*, v. 30, n. 1, 2012, p. 14-28. Disponível em: https://doi.org/10.1108/02637471211198152. Acesso em: 22 jun. 2022.

[8] OLIVEIRA, L. A. *Metodologia para desenvolvimento de projeto de fachadas leves*. Tese (Doutorado) – Escola Politécnica da Universidade de São Paulo (EPUSP). São Paulo, 2009.

[9] SILVA, M. A. C. Metodologia de seleção tecnológica com o emprego do conceito de custos ao longo da vida útil. *Revista Ambiente Construído*, ANTAC, n. 1, 1997.

[10] INSTITUTO BRASILEIRO DE AVALIAÇÕES E PERÍCIAS DE ENGENHARIA (IBAPE); SIQUEIRA, A. P. (Org.). *Inspeção predial*: checkup predial: guia da boa manutenção. São Paulo: Editora Universitária de Direito, 2012.

[11] SITTER JUNIOR, W. Cost of service life optimization, the law of fire. CEB-RILEM. International Workshop on Durability of Concrete Structures. *CEB Bulletin d'Information*, n. 152. Copenhagen, Dinamarca, 1984.

[12] EL-HARAM, M., A.; HORNER, M. W. Factors affecting housing maintenance cost. *Journal of Quality in Maintenance Engineering*, v. 8, n. 2, 2002, p. 115-123. Disponível em: DOI 10.1108/13552510210430008. Acesso em: 10 out. 2021.

[13] GLOBAL ACCOUNTS DATA (GAD). *Social housing cost per property.* England, 2014/15.

[14] MARTEINSSON, B.; JÓNSSON, B. Overrall survey buildings – Performance and maintenance. *Durability of Building Material & Components*, Proceedings. n. 8, 1999. Vancouver, 1999. p. 1634-1644.

[15] LOPES, P. A. Os custos de manutenção e da reabilitação predial na habitação popular de Londrina, Paraná. *Revista Pós FAU-USP,* v. 11, 2002. Disponível em: DOI: https://doi.org/10.11606/issn.2317-2762.v11i0p102-114. Acesso em: 22 jun. 2022.

[16] SILVA, L. F. A. *O impacto da manutenção no ciclo de vida da habitação de interesse social:* o estudo de caso do conjunto habitacional Heliópolis I. Dissertação (Mestrado em Arquitetura e Urbanismo) – Universidade Presbiteriana Mackenzie. São Paulo, 2018.

6

Seleção Tecnológica

Este capítulo discute a seleção tecnológica de sistemas e produtos de construção no processo de produção da edificação, tratando da definição de requisitos e critérios, agentes envolvidos e ferramenta para auxílio da tomada de decisão.

A seleção tecnológica na construção civil é a escolha de uma tecnologia, produto ou serviço específico, realizada a partir de um conjunto de alternativas com potencial de atender a requisitos e critérios predefinidos, considerando um contexto também específico.[1]

Importante ressaltar que é na concepção do projeto que as principais questões relativas às exigências dos usuários, sejam técnicas, ambientais ou de custo, devem ser definidas e, portanto, influenciam as tomadas de decisão sobre as tecnologias e os serviços a serem adquiridos durante as fases de projeto, construção, uso, operação e manutenção.

A seleção tecnológica ocorre em diversas fases e etapas e com níveis de aprofundamento diferente ao longo do processo do projeto, da execução, do uso, da operação e da manutenção (Figura 6.1). O objetivo dessa seleção é evitar falhas

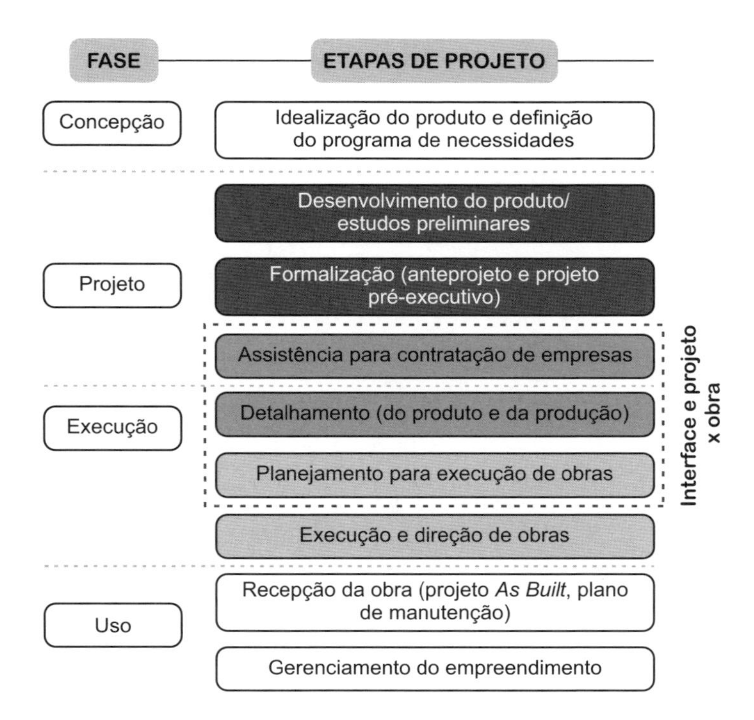

Figura 6.1 Etapas nas quais ocorre a atividade de seleção tecnológica – quadros pintados em cinza.

de construção, altos custos de manutenção e operação, em decorrência do uso de tecnologias com desempenho inadequado no contexto considerado.

6.1 Seleção tecnológica e processo de projeto

Segundo Gondim,[2] "a seleção tecnológica pode ser conceituada como um processo decisório, de análise sistêmica, relativo à escolha de uma tecnologia".

Uma metodologia estruturada para executar a seleção tecnológica é um instrumento necessário na escolha de materiais, componentes, elementos, sistemas construtivos e serviços durante o planejamento, projeto, execução e manutenção de um edifício, e tem como função consolidar cenários e reduzir o grau de subjetividade da avaliação envolvida no processo de seleção.[3]

Alguns autores afirmam que a dificuldade na seleção tecnológica consiste em ter diversas alternativas para solucionar um problema, sendo necessário estabelecer quais são os requisitos funcionais e não funcionais que a tecnologia deve satisfazer.[4]

A seleção tecnológica envolve a atividade de escolha, isto é, seleção tanto de serviços quanto de produtos. Por exemplo, a seleção de projetistas ou de uma empresa de instalações, a seleção de fornecedora de esquadrias, a seleção do tipo de cimento, a seleção de laboratórios para o controle tecnológico dos materiais, a seleção de equipamentos etc. A discussão aqui apresentada é mais focada na seleção tecnológica de produto.

O processo de seleção geralmente ocorre considerando análises do custo inicial, ou também de aspectos estéticos e arquitetônicos, minimizando questões técnicas, funcionais ou de análise de custos de operação e manutenção ao longo do ciclo de vida do edifício. Os sistemas disponíveis no mercado, muitas vezes "importados" de outras realidades, são empregados sem o real conhecimento acerca do que podem oferecer ao empreendimento. Outras vezes, análises estritas de custo e prazo desprezam diferenças de desempenho relevantes.

Os requisitos mais relevantes para a tomada de decisão variam conforme o empreendimento, ou o contexto em análise, sendo a importância de cada um deles uma definição sob responsabilidade do empreendedor e da equipe técnica envolvida.

Na fase de concepção do edifício, a participação geralmente é restrita ao empreendedor e ao projetista de arquitetura; é na etapa imediatamente subsequente que uma análise técnica tem maior potencial de dar subsídios para a seleção tecnológica. Uma vez definida a volumetria, por exemplo, já no anteprojeto, cabe uma análise objetiva para a escolha de tecnologias e suas implicações do ponto de vista da produção e do desempenho, com a contribuição de projetistas, consultores e agentes ligados à execução.

A seleção de produtos ou sistemas, por exemplo, não é pontual; ela evolui ao longo do processo de projeto, considerando algumas "atividades-chave" (ver esquema ilustrativo na Figura 6.2), as quais ocorrem em diferentes etapas do processo de produção e operação do edifício, como exposto por Carraro (2017). Importante observar que essas atividades-chave não ocorrem necessariamente sequenciais; depende da complexidade da seleção tecnológica em andamento.

a) **Definição da tecnologia:** a partir da concepção do edifício e dos seus objetivos, escolhem-se as tecnologias a serem adotadas. Por exemplo, se haverá fachada envidraçada; se as áreas opacas serão vedadas com sistemas industrializados, de qual tipo (leve ou pesado), em qual posição em relação à estrutura (fachada cortina, semicortina); e qual é o acabamento superficial

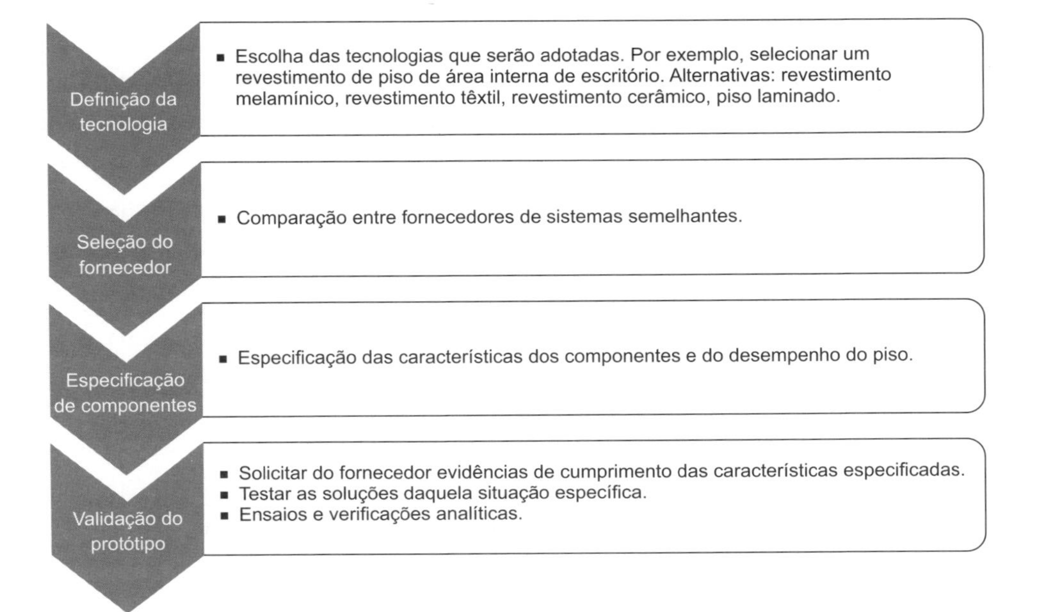

Figura 6.2 Esquema das atividades-chave da seleção tecnológica, as quais não são sequenciais.

pretendido (incorporado ou não, cerâmico, pétreo, cimentício ou metálico). De forma semelhante, ocorre no caso da escolha entre tipos de revestimento de piso, se melamínico, cerâmico, laminado ou têxtil.

b) **Seleção do fornecedor:** com as alternativas limitadas pela escolha anterior, são comparados fornecedores com sistemas semelhantes. Por exemplo, se a opção foi por *Light Steel Framing* (LSF), escolhe-se qual é o tipo de painel de vedação externo, se o sistema será associado a outras tecnologias e qual é o fornecedor (aquele cuja placa tem determinado comportamento hidrotérmico, que trabalha com determinada linha de perfis de aço etc.). No caso do revestimento cerâmico, por exemplo, busca-se fornecedores que tenham disponibilidade do produto, preço adequado, cor e características técnicas que atendem às especificações.

c) **Especificação de componentes (detalhamento):** durante o detalhamento do projeto, fazem-se necessárias escolhas complementares. São especificados os componentes e os acessórios para que se atenda ao desempenho desejado e resolvam-se as interfaces. Por exemplo, voltando para o caso da fachada, é determinado o material e o desempenho das juntas, a proteção à corrosão dos componentes metálicos, os acessórios específicos para os encontros, os fixadores do sistema (parafusos e chumbadores) etc.

d) **Validação em protótipo:** alguns componentes têm sua especificação condicionada à validação em protótipo. Por exemplo, novamente considerando um caso de fachada, a cor e reflexividade dos vidros, algumas soluções de juntas, ou componentes de fixação e vedação que devam ser testados para uma situação específica. Muitas vezes, há necessidade da realização de ensaios em laboratório, verificações analíticas ou simulações, considerando cargas distribuídas devidas ao vento, aspectos de estanqueidade à água, permeabilidade ao ar etc.

Outra discussão importante pode ser realizada a respeito de quais agentes devem participar da seleção tecnológica. A resposta a esse questionamento depende de qual etapa a seleção estará inserida, ou do quão integrado com outros processos de tomada de decisão será o processo de seleção. Um projetista de arquitetura pode estar envolvido desde o início do processo, apoiando, inclusive, na seleção de outros projetistas específicos. Entretanto, outros agentes poderão entrar em uma etapa de seleção de equipamentos que ocorre mais à jusante no processo de produção. Assim, cada agente terá sua atribuição, seja definindo os objetivos do empreendimento e as condições para seu desempenho (empreendedor, usuário, projetistas, consultores, coordenador de projetos), seja definindo os processos de execução (construtor), seja contribuindo com informações fundamentais para a análise dos aspectos intervenientes (p. ex., fornecedor, construtor e montador do sistema).

Geralmente, os membros da equipe técnica (projetistas) são os responsáveis pela definição e especificação de produto, ou seja, os especialistas de cada disciplina, e definem os materiais, componentes e sistemas que projetaram. Por exemplo, o engenheiro projetista de hidráulica faz a especificação dos materiais hidráulicos; o projetista de fachada, especificações dos componentes e sistemas da fachada; e assim por diante.[5]

6.2 Requisitos da seleção tecnológica

Solconcer, por exemplo, é uma ferramenta de apoio à decisão desenvolvida pelo Instituto de Promoción Cerámica,[6] da Espanha, para auxiliar arquitetos, fabricantes e especificadores na avaliação de tecnologias de revestimentos cerâmicos. São considerados aspectos ambientais (produto, processo de construção, uso e fim de vida), econômicos (custos de fabricação, de transporte, de construção, de limpeza, de manutenção e de substituição) e de desempenho (resistência mecânica e estabilidade; segurança em caso de incêndio; higiene, saúde e meio ambiente; segurança no uso; acústica; isolamento térmico e consumo energético; e durabilidade), com base em indicadores.

Essa ferramenta fornece uma avaliação objetiva, pontuando as alternativas para cada uma das categorias, no intuito de balizar a seleção tecnológica e estimular o uso da cerâmica. Esse é apenas um exemplo de que, no processo decisório, devem ser considerados diversos aspectos, técnicos, econômicos, visuais e até de disponibilidade do produto.

Alguns pesquisadores agrupam os requisitos para tomada de decisão em: funcional, ambiental e econômico.[7] No requisito econômico, pode-se incluir o custo global, ou seja, além dos custos até o processo de execução ou instalação, deve ser estimado o custo ao longo da vida útil da edificação, relativo ao uso, à operação e à manutenção daquela tecnologia.

A seleção tecnológica na fase de uso, durante o processo de gestão da operação e da manutenção (*facility management*), também é importante e deve ser realizada considerando não somente requisitos de custo, mas também de eficiência e desempenho.[8]

Os requisitos podem também ser agrupados do ponto de vista da satisfação do cliente: custos, riscos e benefícios. O primeiro deve considerar custo global (inicial e de manutenção); o segundo, os riscos envolvidos, como ausência de assistência técnica e de mão de obra capacitada para a instalação ou manutenção do produto; e o terceiro grupo divide-se em satisfação psicológica (preenchida por critérios socioculturais) e satisfação no uso (dividida entre desempenho e construtibilidade).[9, 10]

Alguns autores[11] agrupam os requisitos pertinentes à seleção tecnológica, no contexto brasileiro, considerando aspectos de sustentabilidade, com base na ISO 21929-1:2011.[12]

O Quadro 6.1 e a Figura 6.3 mostram os requisitos organizados em grupos, elaborados para a seleção tecnológica de fachada. Entretanto, apesar dos requisitos serem pensados para fachadas, é um exemplo que pode ser adaptado para outras

Quadro 6.1 Exemplo de categorias e requisitos para a seleção de sistemas de fachada.

Categorias		Requisitos
Técnicos	Segurança	Resistência ao fogo
		Resistência a impacto de corpo duro
		Resistência a impacto de corpo mole
		Resistência mecânica e estabilidade
		Resistência a cargas suspensas
		Risco de acidente (choque ou queda)
	Habitabilidade	Conforto psicológico
		Estanqueidade a água
		Estanqueidade ao ar
		Iluminação nas áreas de trabalho
		Isolação sonora da fachada
		Transmitância e capacidade térmicas (influência da fachada no desempenho térmico e na carga de ar-condicionado)

(*continua*)

Quadro 6.1 Exemplo de categorias e requisitos para a seleção de sistemas de fachada. (*Continuação*)

Categorias		Requisitos
Técnicos	Sustentabilidade	Durabilidade dos componentes (vida útil de referência)
		Vida útil de projeto (VUP)
		Vulnerabilidade
		Consumo energético
		Desempenho ambiental baseado em análise do ciclo de vida (ACV), considerando emissão de CO_2 e VOC (compostos orgânicos voláteis)
		Facilidade de limpeza
		Facilidade de acesso e frequência de manutenção
Econômicos e de produção	Mercado	Versatilidade e adaptabilidade
		Custo de manutenção
		Custo de operação
		Custo inicial
		Valorização do imóvel
		Alternativas de fornecimento
		Assistência técnica
		Garantia contratual
		Responsabilidade técnica
		Desmontabilidade
	Projeto e construção	Adequação ao projeto
		Interface com a estrutura
		Atividades em canteiro
		Cultura construtiva
		Equipamentos
		Mão de obra
		Prazo de execução/produtividade
		Prazo de fornecimento

Fonte: Adaptado de Carraro (2017).

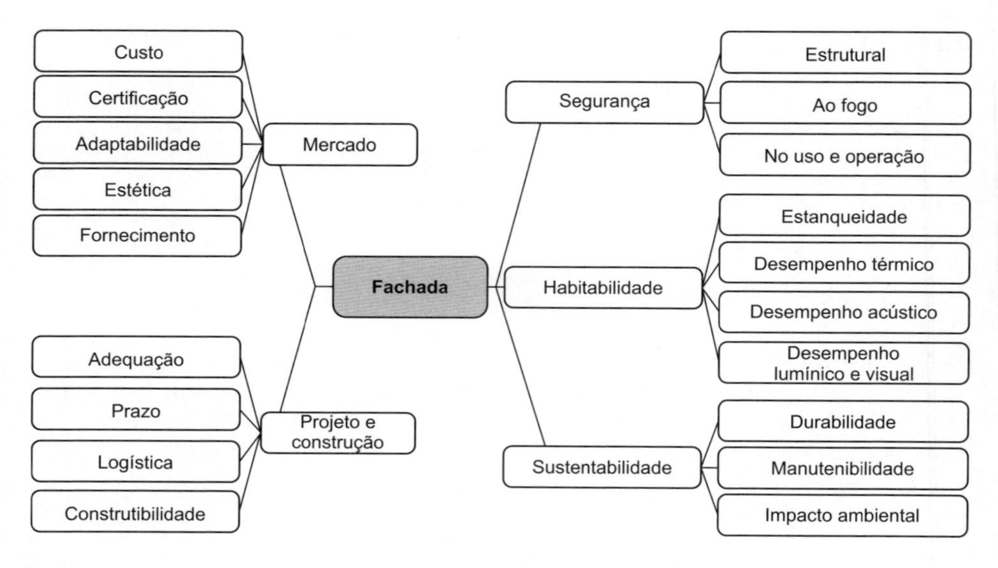

Figura 6.3 Categorias e respectivos requisitos fundamentais (CARRARO, 2017).

situações. O importante é que, para cada requisito, sejam atribuídos parâmetros (critérios quantitativos ou comparativos) para auxiliar na análise e que o atendimento da normalização técnica e regulamentações oficiais seja uma premissa. Esses critérios dependem do programa de necessidades do empreendimento ou de exigências específicas e podem ser encontrados em normas nacionais e estrangeiras, códigos de práticas e regras internas da empresa.

Outros exemplos de requisitos podem ser discutidos, como: requisitos considerados para a seleção de um projetista, qualidade do projeto do ponto de vista gráfico, quantidade de especificações alinhadas com normas técnicas, identificação e solução de interfaces, memoriais de cálculo disponíveis, projetos executivos detalhados com informações para produção, plano de manutenção e contrato definindo responsabilidades.

No processo de projeto, quanto mais cedo iniciar-se a discussão da seleção tecnológica, mais informações precisas e detalhadas existirão. Definições tardias atrapalham todo o processo, tanto do projeto quanto do planejamento das aquisições. Por isso, a atividade de seleção deve permear todo o processo de produção da edificação, com a definição dos diversos requisitos de desempenho, definição de parâmetros para esses requisitos (quantificação – estabelecimento de critérios), identificação e análise das alternativas potenciais etc., para o adequado processo de tomada de decisão.

6.3 Tomada de decisão – Análise MAUT

A definição dos requisitos é a organização de alguns questionamentos que devem ser feitos pelos projetistas, incorporadores e construtores visando orientar a aquisição de sistemas, produtos e serviços:

- Quais são os requisitos a serem considerados na escolha de um sistema ou produto para um edifício?
- Qual é a função desse produto?
- Quais critérios podem ser adotados para análise desses requisitos?
- Qual é a disponibilidade desse produto no mercado nacional?
- Quais e quantos são os fornecedores?
- Existem regulamentações com exigências especiais?
- Existem normas técnicas que embasam tecnicamente o produto?
- Quais garantias e assistência técnica são oferecidas contratualmente?
- Os sistemas considerados inovadores têm avaliação prévia?
- Como é feita a assistência técnica no caso de produtos inovadores ou importados?

Inicialmente, pode ser feito um *brainstorming* de modo a organizar ou definir os requisitos ou as exigências para seleção do produto, considerando o contexto do projeto ou do empreendimento.

Para orientar a análise comparativa das alternativas e das respostas aos diversos questionamentos, propõe-se organizar as informações visando à tomada de decisão com base em parâmetros menos qualitativos e mais objetivos (quantitativos).

Alguns autores expõem que o processo decisório amparado por informações objetivas acerca do desempenho das alternativas viabiliza a análise pelos diversos agentes envolvidos no processo, considerando seus respectivos interesses.[13]

O uso de métodos de análise de decisão multicritério (MCDA) pode fornecer uma análise confiável para classificar alternativas de projeto considerando vários objetivos e restrições em uma abordagem ponderada. Existem vários métodos para realizar MCDA, como SMART, PROMETHEE, AHP, ELECTRE, entre outros. Sobre os MCDAs, explica-se que não existem técnicas melhores ou piores, apenas técnicas que se adaptam melhor a determinada situação ou contexto.

Um dos métodos que mais se aproxima da aceitação universal é baseado na teoria da utilidade Multicritério ou Multiatributo (MAUT – *Multiattribute Utility Theory*), ou seja, é um método adotado para representar as preferências relativas de um indivíduo entre os elementos de um conjunto, por meio de números. Esse método é relativamente fácil de ser usado e seus resultados podem ser interpretados intuitivamente. Além disso, com esse método, é possível evidenciar as preferências dos *stakeholders*, permitindo uma análise sobre as compensações entre objetivos e seleções conflitantes.

As análises com ponderação de critérios permitem a identificação dos fatores mais importantes em dada situação, tornando os julgamentos claros e possíveis de serem avaliados. A decisão começa com a identificação das necessidades da situação específica, seguida da identificação das alternativas disponíveis, depois da seleção de critérios pertinentes e sua priorização e ponderação conforme os objetivos do projeto e, posteriormente, da análise das alternativas conforme os critérios e ponderações e da escolha propriamente dita. É na estruturação do problema que os critérios considerados relevantes para a decisão são identificados e organizados. Essa fase de estruturação do problema é apontada por diversos estudiosos como a fase mais importante do processo de apoio à decisão.

A ponderação dos requisitos é necessária para atribuir a cada um deles sua importância relativa. Dessa forma, os pesos expressam a importância de cada requisito em relação aos demais.

A seleção tecnológica deve ser feita considerando a análise interdependente de, no mínimo, três aspectos:

1. definição do programa de necessidades do empreendimento e, consequentemente, das exigências a serem cumpridas pela edificação ou daquela parte/sistema em análise;
2. definição das alternativas tecnológicas a serem analisadas;
3. definição de critérios.

A organização e identificação desses três aspectos consistem na estruturação do problema. Diversos autores que estudam o tema "tomada de decisão" convergem a respeito dos seguintes questionamentos: Qual é o problema? Quais são as alternativas para resolvê-lo? Qual é a alternativa escolhida?

Quatro passos são listados a seguir para a aplicação desse método, uma vez o contexto principal e as necessidades, ou exigências iniciais (identificação do contexto decisório), tenham sido estabelecidas:[14]

- definir critérios (parametrizar os requisitos);
- identificar as alternativas relevantes;
- atribuir valores a cada alternativa com relação ao critério analisado (atribuir valor 1 à alternativa mais favorável e 0 à menos favorável e, caso necessário, valores intermediários);
- ponderar cada critério (a soma dos pesos deve ser igual a 100 %);
- estabelecer o valor total de cada alternativa a partir da combinação de pesos dos critérios;
- analisar (fazer média ponderada para cada uma das alternativas) e tomar a decisão.

Para saber se uma ou outra alternativa tecnológica atende ao critério proposto, é preciso buscar informações em catálogos técnicos, com os próprios fornecedores, no banco de dados da empresa, em regulamentações ou em documentos de avaliação técnica, dentre outros. Sugere-se que essa atividade de análise comparativa entre o potencial atendimento de determinada tecnologia a um critério seja formalizada, gerando documentação técnica que embase eventuais revisões ou desacordos em torno da decisão tomada.

A seguir, apresenta-se um exemplo da aplicação do método de tomada de decisão.

Exemplo:

Para ilustrar o método, apresenta-se um exemplo bastante simplificado da aplicação do MAUT para seleção de um sistema de fachada para edifício comercial. Por essa razão, não existe a obrigatoriedade do atendimento na totalidade da ABNT NBR 15575, por esta ser destinada a edifícios residenciais, como explicado anteriormente.

Seguindo os passos do método: identifica-se o contexto e as necessidades; em um segundo momento, as alternativas e os requisitos; definem-se os critérios; e, posteriormente, atribui-se valores a cada alternativa segundo o peso do requisito correspondente. É possível, ainda, fazer ponderações em função de prioridades ou importância de certo grupo de requisitos, como mostra o Quadro 6.2.

Quadro 6.2 Identificação das alternativas tecnológicas, requisitos e critérios de avaliação e atribuição de notas (potencial de atendimento ao critério).

Grupo de requisitos	Critérios	Alternativa 1*	Alternativa 2*	Alternativa 3*
Durabilidade, adaptabilidade e desmontabilidade	VUP da fachada = metade da estrutura, sendo, no mínimo, igual a 20 anos – visto a análise considerar edifício comercial, fachada leve e desmontável	1	1	0,5
	Possibilidade de realizar operações de renovação em 30 anos	1	1	1
	Projeto contempla uso de elementos pré-fabricados, leves e acoplados a seco	1	0	1
	Sistema de fachada com documento de avaliação técnica, ou desempenho técnico conhecido	1	0,5	0,5
Manutenibilidade	O acesso à fachada (tanto interna quanto externamente) permite a realização de inspeções?	0,5	1	1
	É possível prever os custos de manutenção? O custo inicial mais custo de operação é viável?	1	0,5	0,5
Características térmicas do sistema	Área transparente na fachada do edifício ≤ 50 % da área de fachada total	0	1	0,5
	Elementos envidraçados com fator solar (FS) ≤ 40 %	0,5	0,5	1
	Transmitância térmica de elementos opacos ≤ 2,5 $W/m^2 {}^{\circ}C$	0	0	0
Características acústicas do sistema	Índice de redução sonora (R_w) ≥ 35 dB	0	0,5	0
Análise dos fornecedores	Fornecedores formalizados	1	0	1

* O valor atribuído refere-se ao potencial daquela tecnologia atender ao critério analisado.

Esse exemplo refere-se à seleção tecnológica da fachada de um edifício comercial:

- Prioridades do programa de necessidade preliminarmente imposto.
- Exigências gerais – estética induzindo valorização do empreendimento, boa produtividade de execução, durabilidade e baixo grau de manutenibilidade, minimização do custo global (custo inicial + custo de operação e manutenção), desmontabilidade, eficiência energética e bom desempenho acústico.
- Essas exigências gerais foram traduzidas em requisitos técnicos aos quais foram atrelados critérios (parâmetros objetivos).
- Identificação de três alternativas possíveis. As alternativas tecnológicas a serem usadas como exemplo são:
  1. fachada formada por estrutura de perfis de alumínio e elementos envidraçados (painéis de vidro); ou
  2. fachada mista, formada por estrutura de perfis de aço conformado a frio (*steel frame*), elementos envidraçados e placas cimentícias com acabamento; ou
  3. fachada mista, formada por estrutura de perfis de aço conformado a frio (*steel frame*), elementos envidraçados e placas de alumínio composto, tipo *alucobond*.

Conforme explicitado, para cada alternativa atribui-se valores com relação ao seu potencial de atender ao critério definido (atribuir valor 1 à alternativa mais favorável e 0 à menos favorável e, caso necessário, valores intermediários – neste caso, adotou-se o valor 0,5).

Após a definição das notas para cada alternativa, atribui-se pesos aos critérios e faz-se uma média ponderada, conforme exemplo do Quadro 6.3. Neste caso, optou-se por aplicar pesos iguais para cada categoria de requisitos, sendo que os critérios internos a cada categoria tiveram importâncias (pesos) diferentes. Ao final, faz-se a média aritmética entre os cinco grupos de requisitos. Existe ainda a possibilidade de atribuir importância (peso) diferente para cada grupo de requisitos.

Para o exemplo adotado neste livro, em função do resultado do Quadro 6.3, a tecnologia mais apropriada seria a alternativa 3, seguida da alternativa 1. Ressalta-se, entretanto, que poderia ser escolhida outra alternativa caso as prioridades do

Quadro 6.3 Atribuição de pesos aos critérios, média ponderada das alternativas e decisão.

Grupo de critérios	Critérios	Pesos	Valores ponderados para cada alternativa em relação ao critério		
			Alternativa 1	Alternativa 2	Alternativa 3
Durabilidade, adaptabilidade e desmontabilidade	VUP da fachada = metade da estrutura, sendo, no mínimo, igual a 20 anos	0,30	0,30	0,30	0,15
	Possibilidade de realizar operações de renovação em 30 anos	0,15	0,15	0,15	0,15
	Projeto contempla uso de elementos pré-fabricados, leves e acoplados a seco	0,25	0,25	0,00	0,25
	Sistema de fachada com documento de avaliação técnica, ou desempenho técnico conhecido	0,30	0,30	0,15	0,15
	Resultado da categoria		1,00	0,60	0,70
Manutenibilidade	O acesso à fachada (tanto interna quanto externamente) permite a realização de inspeções?	0,60	0,30	0,60	0,60
	É possível prever os custos de manutenção? O custo inicial mais custo de operação é viável?	0,40	0,40	0,20	0,20
	Resultado da categoria	1	0,70	0,80	0,80
Características térmicas do sistema	Área transparente na fachada do edifício ≤ 50 % da área de fachada total	0,4	0,00	0,40	0,20
	Elementos envidraçados com fator solar ≤ 40 %	0,3	0,15	0,15	0,30
	Transmitância térmica de elementos opacos ≤ 2,5 W/m²°C	0,3	0,00	0,00	0,00
	Resultado da categoria	1	0,15	0,55	0,50

(*continua*)

Quadro 6.3 Atribuição de pesos aos critérios, média ponderada das alternativas e decisão. (*Continuação*)

Grupo de critérios	Critérios	Pesos	Valores ponderados para cada alternativa em relação ao critério		
			Alternativa 1	Alternativa 2	Alternativa 3
Características acústicas do sistema	Índice de redução sonora ≥ 35 dB	0,5	0,00	0,25	0,00
Análise dos fornecedores	Fornecedores formalizados	0,5	0,5	0,00	0,5
	Resultado da categoria		0,5	0,25	0,50
	Soma total		2,35	2,20	2,50

empreendimento fossem outras. Por isso a importância de a seleção tecnológica de um produto estar condizente com o contexto apropriado e com os requisitos estabelecidos no programa de necessidades.

Considerações finais

A edificação não pode mais ser vista como uma unidade isolada, mas, sim, como um organismo que gera impactos ao longo de todo o seu ciclo de vida: projeto, construção, uso, operação, manutenção, demolição, reutilização e/ ou reciclagem, inserindo-se, portanto, o conceito de construção sustentável, no qual a seleção tecnológica tem fundamental importância.

A seleção tecnológica é uma atividade que, se adequadamente conduzida, tende a contribuir para reduzir a contratação de serviços informais, aprimorar a competitividade mais equilibrada e justa entre os fornecedores, aprimorar a qualidade dos serviços prestados, melhorar o atendimento a requisitos de desempenhos técnico e ambiental, particularmente, redução de desperdício, redução da geração de resíduos, redução do consumo de energia e de emissões.

Exercícios propostos

Os exercícios apresentados a seguir destinam-se a fixar e a aprofundar os conhecimentos apresentados neste capítulo, sendo igualmente recomendada sua resolução individual ou em grupos.

Exercício 6.1

Para as afirmações enunciadas a seguir, qualifique cada uma delas como **V (verdadeira)** ou **F (falsa)**, com base no texto do capítulo.

( ) A seleção tecnológica na construção civil pressupõe a escolha de uma tecnologia, um produto ou um serviço a partir de um conjunto de alternativas com potencial de atender aos requisitos e critérios de desempenho predefinidos.

( ) A respeito de quais agentes devem participar da seleção tecnológica, pode-se afirmar que, se um consultor estiver envolvido desde o início do processo, apoiando, inclusive, o cliente na seleção de outros projetistas específicos, por exemplo, o projetista de arquitetura poderá entrar apenas em uma etapa de seleção mais à jusante do processo.

( ) A seleção tecnológica permite aprimorar a qualidade dos serviços prestados, melhorar o atendimento a requisitos de desempenho e reduzir impactos ambientais, desperdícios, geração de resíduos e consumo de energia, produzindo como resultado edificações de mais alto padrão, embora aumente seus custos de produção.

Exercício 6.2

Explique por que quanto mais cedo iniciar-se a discussão da seleção tecnológica no processo de projeto, melhor será o resultado. Cite exemplos para ilustrar seus argumentos.

Exercício 6.3

(Exercício ideal para a realização em grupos)

Aplique a Análise MAUT para escolher um revestimento adequado ao uso em área descoberta do térreo da edificação, sujeita ao tráfego de pessoas e de veículos, entre duas ou mais alternativas de revestimentos à sua escolha. Siga criteriosamente os passos estabelecidos no texto deste capítulo.

Referências bibliográficas

[1] SILVA, M. A. C. *Metodologia de seleção tecnológica na produção de edificações com o emprego do conceito de custos ao longo da vida útil*. Tese (Doutorado em Engenharia) – Universidade de São Paulo (USP). São Paulo, 1996. 338 p.

[2] GONDIM, I. A. *Modelo de apoio à decisão para seleção de tecnologias de revestimento de fachadas*. Dissertação (Mestrado de Engenharia) – Universidade Federal do Rio Grande do Sul (UFRGS). Porto Alegre, 2007. 180 p.

[3] CARRARO, M. *Método para seleção de sistemas de fachada para edifícios comerciais e institucionais*. Dissertação (Mestrado em Habitação – Planejamento e Tecnologia) – Instituto de Pesquisas Tecnológicas do Estado de São Paulo (IPT). São Paulo, 2017.

[4] MASETTI, F.; PARKER, J.; VATOVEC, M. Facade attachments: who is designing them? *Structure Magazine*, 30 jul. 2013. p. 34-36. Disponível em: https://www.sgh.com/knowledge-sharing/facade-attachments-who-designing-them. Acesso em: 22 jun. 2022.

[5] BATLOUNI NETO, J. Critérios de projeto para seleção de materiais. *In*: ISAI, G. C. (ed.) *Materiais de construção civil e princípios da Engenharia de Materiais*. 3. ed. São Paulo: Ibracon, 2017. cap. 5.

[6] INSTITUTO DE PROMOCIÓN CERÁMICA. *Solconcer*. Castellón: IPC, 2016. (*software on-line*). Disponível em: http://solconcer.es/. Acesso em: 6 jul. 2016.

[7] JIN, Q.; OVEREND, M. A prototype whole-life value optimization tool for façade design. *Journal of Building Performance Simulation*, v. 7, n. 3, 26 jul. 2013. p. 217-232.

[8] BROWN, S. L.; SCHULDT, S. S.; GRUSSING, M. N.; *et al*. Performance-based building system manufacturer selection decision framework for integration into total cost of ownership evaluations. *Journal of Performance of Constructed Facilities*. out. 2021, v. 35, Issue 5. Disponível em: DOI/10.1061/28ASCE/29CF.1943-5509.0001624. Acesso em: 10 ago. 2021.

[9] DETONI, M. M. M. L. *Aplicação de metodologia multicritério de apoio à decisão na definição de características de projetos de construção*. Dissertação (Mestrado

em Engenharia de Produção) – Universidade Federal de Santa Catarina (UFSC). Florianópolis, 1996. 178 p.

[10] SOUZA, J. C. S. *Metodologia de análise e seleção de inovações tecnológicas na construção de edifícios:* aplicação para a vedação vertical de gesso acartonado. Tese (Doutorado em Engenharia) – Universidade de São Paulo (USP). São Paulo, 2003. 205 p.

[11] OLIVEIRA, L. A.; MELHADO, S. B.; VITTORINO, F. Selection of building technology based on sustainability requirements – Brazilian context. *Architectural Engineering and Design Management*, v. 11, n. 5, ago. 2014. p. 390-404.

[12] INTERNATIONAL ORGANIZATION FOR STANDARDIZATION (ISO). *ISO 21929-1:2011* – Sustainability in building construction – Sustainability indicators – Part 1: Framework for the development of indicators and a core set of indicators for buildings. Genebra, 2011.

[13] LOONEN, R. C. G. M.; SINGARAVEL, S.; TRČKA, M. *et al.* Simulation-based support for product development of innovative building envelope components. *Automation in Construction*, v. 45, set. 2014. p. 86-95.

[14] ELSTEIN A. S.; SCHWARZ, A. Clinical problem solving and diagnostic decision making: selective review of the cognitive literature. *BMJ*, v. 324, 2002. p. 729-32.

Índice Alfabético

P

Q

R

S

T

V

2023/1